农业实用技术类

牛的常见病防治

主　编　孙延鸣
副主编　刘贤侠

图书在版编目(CIP)数据

牛的常见病防治/孙延鸣，刘贤侠主编. —北京：中国劳动社会保障出版社，2011

ISBN 978-7-5045-9257-6

Ⅰ. ①牛…　Ⅱ. ①孙…②刘…　Ⅲ. ①牛病-防治　Ⅳ. ①S858. 23

中国版本图书馆 CIP 数据核字(2011)第 177945 号

中国劳动社会保障出版社出版发行

（北京市惠新东街1号　邮政编码：100029）

出版人：张梦欣

*

北京市艺辉印刷有限公司印刷装订　新华书店经销

850毫米×1168毫米　32开本　5印张　118千字

2011年9月第1版　　2022年8月第6次印刷

定价：10.00元

读者服务部电话：（010）64929211/84209101/64921644

营销中心电话：（010）64962347

出版社网址：http://www.class.com.cn

http://zyjy.class.com.cn

本书编委会

内容简介

本书是农业实用技术丛书中的一种，全书内容分为两篇：基础篇主要以问题的形式，介绍了牛病防治中的基本常识、基本技术；疾病防治篇介绍了牛常见的传染病、内科病、外科病、产科病、中毒病和寄生虫病的流行特点、临床症状及防治措施等。

本书可为牛的饲养者提供较全面的常见牛病防治技术指导，便于查阅，也可供相关农业技术人员参考。

目　录

基础篇

疾病防治篇

基 础 篇

养牛，尤其是养遗传性能良好的牛，要求饲养者不仅具备一般的养牛经验，而且要掌握当代先进的养牛知识，学会接产、投药、机器挤奶等操作技术。以下就是与此相关的基础知识和技能。

1. 健康牛的体态和行为有哪些表现?

健康牛两眼有神，耳、尾灵活，神态安详，动作敏捷。鼻镜湿润有汗珠，皮肤紧凑有弹性，身体各部分轮廓柔和，肢体圆润。呼吸平稳，食欲旺盛，咀嚼灵活有力。采食量大，采食后喜卧，四肢屈于腹下，反刍，时有嗳气发生，饮水正常。粪便稀软呈层状或粥状，无异常气味，尿液淡黄色，清亮。放牧或运动时喜欢结群，不落于群后独处。

2. 牛的临诊检查的目的有哪些?

给牛做临诊检查的目的，是对牛的健康情况提出概括性判断，并通过检查收集病牛的异常表现和引起发病的相关原因，从而为兽医诊治病牛提供线索，配合兽医做好疾病的预防和病牛的护理工作。

3. 牛的临诊检查的内容有哪些?

首先做好病牛登记。记录病牛号、性别、年龄、怀孕日期、胎次、产期、乳汁变化情况和在什么时候做过哪些预防注射以及

驱虫等情况。

掌握饲草料的种类、质量、数量以及持续时间，补饲和饲喂添加剂的情况。掌握圈舍及其周围环境的情况，运动、放牧、圈舍和天气变化规律。了解牛群附近地区发生过什么病，以及防治经过。如发现病牛的时间、地点和可能的致病原因，同一群牛有几头发病，病初有哪些表现，以后有什么变化，治疗期间用过什么药，效果如何等。

观察病牛精神、营养、姿势及步态，注意其采食、咀嚼、咽下、反刍、呼吸等有无异常现象，各天然孔道（眼、鼻、口、耳、肛门、阴门）有无异常分泌物或排泄物；检查眼结膜的颜色及皮肤的弹性；然后测定体温、呼吸数、脉搏，并进行瘤胃触诊。

4. 如何测定牛的体温？

体温测定是对任何病牛都必须进行的一项基本检查，一般与呼吸、脉搏同时检查。检查前病牛应休息一定的时间。先将体温计甩到35℃以下，沾水作为润滑剂。检查者站在牛的正后方，一手将牛尾抬起，露出肛门，一手将体温计轻轻由肛门旋转插入直肠内，并用夹子固定在尾根部。经过3~5分钟取出体温计，在牛体被毛上擦去粪便和黏液，再看读数并记录下来。为了防止测温的误差，不要在暴晒、饮冷水或运动后测体温，也不要把体温计插入直肠的粪便内，如有粪便要等牛排出后测体温。每天早、晚各测一次。

健康牛的体温范围为：奶牛37.5~39.5℃（荷斯坦奶牛38~39.3℃），水牛36~38.5℃，黄牛37.5~39℃，肉牛37.5~39℃。通常午后高于早晨，但日差不超过1℃，如果早晨超过

39℃可认为是发热。通常发热时，用手触摸耳根、股内侧能感觉到病牛的体温升高，并伴随有精神、食欲不振，呼吸、脉搏加快等症状。而轻微的单纯体温升高不一定是疾病。通常发生传染病、炎症性疾病时体温升高，而急性传染病的体温升高往往比其他症状出现得早。因此，测定体温可以早期发现疾病。连续几天测体温可以观察疾病的变化情况。体温升高后又缓慢降至常温的是正常现象。如果由高温急剧降至常温以下，是预后不良的表现。

5. 如何测定牛的呼吸数?

站在病牛腹部后侧方观察，胸部和腹部同时一起一伏为一次呼吸，记录每分钟呼吸的次数，或者通过呼出的气流来测定。健康牛每分钟呼吸 10～30 次。病牛的呼吸次数增多，常见于发热性疾病、疼痛性疾病、缺氧、胃肠道臌气等。

6. 如何测定牛的脉搏?

站在牛的正后方，左手略微举起牛尾，右手食指和中指放在尾根腹面正中，可感知尾动脉的搏动。健康牛的脉搏每分钟 50～80 次，犊牛（2～12 月龄）的脉搏每分钟 80～100 次。一般患发热性疾病、疼痛性疾病、贫血和心脏衰弱的病牛脉搏数增加。

7. 如何进行瘤胃的触诊?

牛患病时，大多数消化道紊乱，常出现瘤胃弛缓症状，所以

瘤胃触诊是必须检查的项目。

检查者面对病牛左侧腹部，一手握拳放在左侧腰窝下方，可感觉到瘤胃的节律性蠕动。健康牛每分钟蠕动 1 ~ 3 次，蠕动波强而有力，可以把检查者的手顶起来，持续时间在 15 秒以上。然后用手掌按压上、中、下部，健康牛上部有弹性，中部稀软，下部黏实。

8. 如何进行病牛的护理？

将病牛置于干燥、清洁、通风良好的圈内饲养，按兽医的要求，每天定时测定体温、呼吸和脉搏，并按时服用药物。喂给柔软容易消化的饲草和清洁饮水。随时观察病牛的饮食、排粪、排尿和其他方面的变化。

消化系统疾病：病初一般停食 1 ~ 2 天，勤给饮水。表现腹痛、腹泻者，给予垫草，必要时在早、晚和深夜用东西包住腹部。注意粪便性质、排尿次数和尿量、眼窝凹陷程度、皮肤弹性等，脱水情况严重者，要及时输液给水。

呼吸系统疾病：要保持圈舍温度、湿度适当及空气新鲜，注意体温变化，注意呼吸道是否通畅，观察咳嗽和鼻涕性质，要镇咳祛痰。注意是否有脱水现象，有心衰、水肿和渗出性变化的要注意除给水、输液外，按兽医要求限水限盐。

对食欲废绝、很快消瘦的病牛，给予葡萄糖和其他人工营养。对衰竭卧地不起的，垫草要厚，勤翻身体以防止褥疮。对狂暴不安、胡冲乱撞的，给药应避免刺激，给予镇静剂。外伤按兽医规定换药，防止污染，防蝇生蛆，防止冻伤。

9. 牛有异常表现时，在什么情况下必须请兽医诊治？

牛出现异常情况都应当请兽医诊治。饲养者通常容易看到的是消化功能紊乱，如进食和饮水减少，反刍无力或停止，粪尿的颜色和形状变化，呼吸加快，咳嗽，流鼻涕等。这些现象可见于许多疾病，只有在兽医全面检查并进行综合分析后，根据疾病的性质进行治疗，才能收到好的效果。

至于大群牛突发疾病，病情加剧，或者大群牛消瘦，奶量和生殖力不高，犊牛生长缓慢，或不吃不喝，很快消瘦，久泻不止，或者呼吸极度困难，咳嗽喘气，口鼻流出泡沫性分泌物，胡冲乱撞，意识失常，全身抽搐，卧地不起等危重情况，必须尽快请兽医诊治。

10. 肌内注射、皮下注射和静脉注射如何操作？

注射器准备与消毒：挑选无缺损、无漏气的注射器及针头，洗净后用纱布包好，煮沸消毒 15 分钟。如用金属注射器，须事先调好松紧度。

抽取药液后要排净注射器和针头内的空气。

注射部位剪毛，涂 5% 的碘酊，再用 70% 酒精棉球脱碘。

（1）肌内注射。注射部位一般在臀部或颈部。先把针头（12～16号）垂直刺入肌肉 3 厘米左右，然后接上注射器，一手持注射器和针头尾部，另一手持注射器推柄回抽一下，无血液进入针筒内，即可缓慢注入药液。药液注射完后立即拔出针头，用酒精棉球压迫针孔。

（2）皮下注射。部位一般选在颈部或皮肤容易移动的部位。一手揪起皮肤，另一手持注射器倾斜刺入皮下，注入药液，然后用酒精棉球按压针孔。

（3）静脉注射。注射部位在颈静脉沟上 1/3 和中 1/3 的交界处。一手拇指按压在注射点下方约一掌处的颈静脉沟上，待颈静脉隆起后，另一手握住 16～18号针头，向头部与颈静脉成 30°～45°刺入颈静脉，见血液从针头流出后，将针尖挑起与皮肤成 10°～15°，继续把针体伸入血管内，接上注射器，回抽注射器推柄，或者用手指捏压乳胶导管并立即放开，见到血液回流后，再缓慢注入药液。在注射过程中要把持好注射器，或用文具夹将乳胶导管固定在颈部，注射完毕，用酒精棉球压迫针孔。

11. 如何给牛灌药？

给牛灌药多用长颈软瓶，最好是专门的灌药瓶，也可用橡胶瓶、啤酒瓶和牛角等代替。首先将药液注入瓶内。助手抓住牛的鼻中隔提起头，使牛头呈水平状即可，不能过高。灌药者把药瓶从牛的口角伸入口腔，病牛即用上颚和舌体压迫软瓶，将药液自然咽下。切不可人为挤压药液急速进入口腔，以免造成误咽引起异物性肺炎。若使用酒瓶代替软瓶，灌药者应一手打开口腔，另一手握酒瓶下部从口角送入，倾斜酒瓶使药液流出少许，并迅速取出酒瓶，任其自己吞咽。如此反复进行灌药，直至药液灌完为止。

12. 什么是乳头药浴？常用的乳头药浴液有哪些？

乳头药浴是指挤奶前后用乳头药浴液对奶牛的奶头进行浸

泡，以预防乳房炎的发生。常用的乳头药浴液有：0.15% ~ 1.00%洗必泰、2%聚维酮碘、4% ~5%次氯酸钠、0.25%碘酊、0.5%碘附。

13. 如何进行乳头注射操作？

应按下列方法进行操作：将奶完全挤干净。挤完后迅速进行乳头药浴。用干净毛巾或纸擦干乳头上多余的药液。也可用70%酒精棉球对乳头消毒，一个棉球只能消毒一个乳头。先消毒外侧的一对，灌注药物时先从近侧的一对乳头开始，为避免感染，通乳针不要插入太深，按照乳头自然下垂方向进入5 ~6 厘米，然后注射药物，要缓慢取出通乳针，灌注后要按摩乳房，一支针头只能用于一个乳头，结束后再进行一次乳头药浴。

14. 什么叫隐性乳房炎？如何进行隐性乳房炎的诊断操作？

隐性乳房炎是指病原菌已侵入乳房，但在临床上尚未出现肉眼可见的任何症状，乳汁经肉眼观察无异常变化，但经生化检验和细菌学检验可发现异常。饲养奶牛多的养牛户可以购买隐性乳房炎诊断液，根据说明书判定标准的要求进行操作。

15. 兽药的一般简易识别方法是什么？

首先要查看外包装，除商品名称外是否有生产许可证和兽药

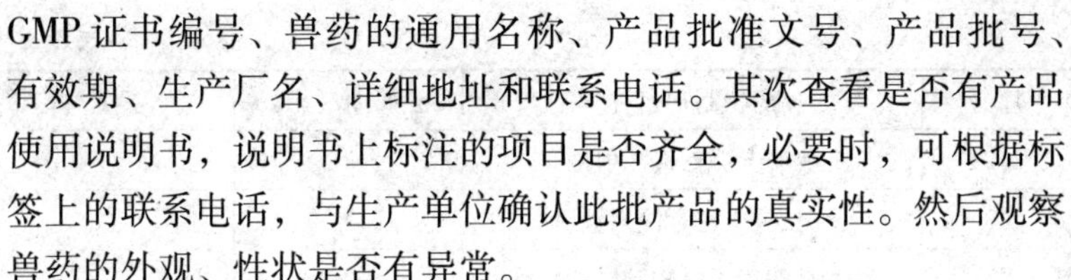

GMP 证书编号、兽药的通用名称、产品批准文号、产品批号、有效期、生产厂名、详细地址和联系电话。其次查看是否有产品使用说明书，说明书上标注的项目是否齐全，必要时，可根据标签上的联系电话，与生产单位确认此批产品的真实性。然后观察兽药的外观、性状是否有异常。

16. 什么是休药期与弃奶期？

休药期是指从畜禽停止给药到许可屠宰或其产品（乳、蛋）许可上市的间隔时间，凡供食品动物应用的药物或其他化学物质均需制定休药期。规定休药期是为了避免供人食用的动物组织或产品中残留的药物超标。

弃奶期是指从奶牛停止给药到它们所产的奶许可上市的间隔时间。用于奶牛的部分常见药物及弃奶期见下表。

序号	药物制剂名称	弃奶期（天）	备注
1	氨苄西林混悬注射液	2	
2	注射用氨苄西林钠	2	
3	普鲁卡因青霉素注射液	2	
4	复方磺胺嘧啶钠注射液	2	
5	盐酸土霉素注射液	2	泌乳牛禁用
6	注射用青霉素钾	3	
7	注射用青霉素钠	3	
8	注射用苄星青霉素	3	
9	注射用硫酸链霉素	3	
10	地塞米松磷酸钠注射液	3	
11	阿莫西林注射液	4	

续表

序号	药物制剂名称	弃奶期（天）	备注
12	硫酸卡那霉素注射液	7	
13	长效土霉素注射液	7	
14	复方磺胺对甲氧嘧啶钠注射液	7	
15	伊维菌素注射液	28	

17. 如何快速鉴别假劣兽药？

（1）查兽药生产企业是否经过批准。凡未经过批准的单位所生产的兽药必然没有领取产品批准文号，按《兽药管理条例》规定，应作假药处理。

（2）查产品批准文号。没有取得产品批准文号或者挪用其他产品批准文号的，均为假兽药。检查时先看产品有无批准文号再确定批准文号是否合法。

（3）查产品规格。看标签上标示的规格与兽药的实际规格是否相符。主要是兽药的标示装量与实际装量是否相符。

（4）查兽药名称。兽药名称包括法定名称（国家标准中收载的兽药名称）和商品名。兽药产品标签、说明书、外包装必须印制兽药产品法定名称。已有商品名的可同时印制。商品名明显不符合规定的，多为假劣兽药。

（5）查兽药产品是否超过有效期。超过有效期的兽药即可判定为劣药。

（6）查是否属于淘汰兽药或国家禁止使用的兽药。生产销售的淘汰兽药或国家禁止使用的兽药应视为假兽药予以处理。

（7）兽药包装必须贴有标签，注明“兽用”字样，并附有说明书。标签或说明书上必须有注册商标、兽药名称、规格、企

业名称、产品批号和批准文号、主要成分、含量、作用与用途、用法与用量、有效期与注意事项等。规定休药期的应在标签或说明书上注明。

（8）兽药包装内应附有产品质量检验合格证。无合格证的不得出厂，兽药经营单位不得收购。

18. 选购兽药有哪些注意事项？

（1）选择到信誉好，持有兽医行政部门核发的兽药经营许可证和工商部门核发的营业执照的兽药经营单位购买，并向卖方索要购药发票，注明所购兽药的详细情况。

（2）检查兽药产品有无产品批准文号。使用过期兽药产品批准文号的均为假兽药，进口兽药必须有登记许可证号。

（3）成件的兽药应有产品质量合格证，内包装上附有检验合格标志，包装箱内有检验合格证。

（4）兽药的包装、标签及说明书上必须注明兽药产品批准文号、注册商标、生产厂家、厂址、生产日期（或批号）、品名、有效成分、含量、规格、作用、用途、用法、用量、注意事项、有效期等，缺一不可。

（5）注意药物的生产日期和使用年限，不要购买和使用过期的药物。

（6）不要购买变质的药物。注意观察其外包装有无破损，用瓶包装的应检查瓶盖是否密封，封口是否严密，有无松动现象，有无裂缝或药液漏出，并注意检查兽药内在质量。

（7）注意比较同一兽药的不同包装、不同规格的实际有效成分及单位有效成分的成本价格。有些含量低的制剂看起来很便宜，但按照有效成分计算，则往往比含量高的制剂更贵些。因为有效成分含量越低，需加入的赋形剂越多，包装成本增加，则价格实际会高些。

19. 产前母牛如何护理？

（1）将预产前 10 ~ 15 天的母牛引入产房，与其他母牛隔开，进行单独饲养。产房要清洁，冬季要保暖，夏季要通风，特别是冬季要保证母牛多晒太阳、多运动。

（2）此段时间内要多注意观察乳房的膨胀情况，乳房膨胀显著的注意减少精料和多汁饲料的饲喂。对于营养不良、乳房膨胀不好的母牛可以多喂些精料和多汁饲料。加强母牛体表特别是后躯的卫生工作。

（3）对于高产体弱的、食欲不振的或有过瘫痪史的母牛，应注意补钙，加喂维生素 D。

20. 如何正确接产？

（1）一旦出现分娩征兆，立即清洗外阴及其周围，并用消毒液擦拭消毒。将母牛引入事先消过毒、铺有新鲜垫草的产房内，接产人员应准备好细绳、毛巾、肥皂、脸盆、热水、消毒液、碘酒。注意临产母牛的后躯消毒卫生工作，用温水和毛巾洗净母牛外阴、后躯及尾根周围的污物，拴住尾巴，最后用消毒液洗净牛后躯，等待分娩。

（2）牛分娩应以自然分娩为主，发现胎儿的唇、两蹄露出阴门时，不要过多地干预，如上面盖有羊膜尚未破裂，要立即将其撕破，使胎儿的鼻、嘴端露出，并擦净鼻孔和嘴内黏液，以利呼吸，防止窒息。

（3）遇到产道狭窄的母牛，尤其是青年头胎牛在进行人工助产牵拉胎儿时，切忌用力过猛，以防撕裂产道。

（4）分娩后立即擦净胎儿鼻孔和口腔内的羊水和黏液，进行脐带消毒，保证胎儿在最短的时间内吃到初乳。

21. 如何管理产后母牛?

（1）母牛产后休息片刻，给予温水加少量麸皮饮用，体弱无力者可饮用红糖水。

（2）产后1小时左右挤第一次奶，不要挤干，约2千克，每次如此，第2~5天逐渐增加挤奶量，直到全部挤干。每次挤奶前要进行热敷和按摩乳房。乳房水肿的牛要增加按摩和挤奶的次数。

（3）产后只供给优质的干草，2天后给少量的精料，4天后逐渐增加精料，并开始饲喂多汁饲料，每天增喂的量为1~1.5千克，约在产后7~10天给到正常的量。

（4）产后一周内多饮37~38℃的温水，乳房水肿的牛要限制饮水量。

（5）注意母牛产后胎衣的排出情况，若超过12小时还未脱落，就要请兽医采取相应措施。

22. 如何进行难产的检查?

对于养牛户而言，难产是关系大牛和小牛生死存亡的大事，因此，更深刻地认识难产，尤其是难产发生的原因，以及如何预防难产很重要。遇到难产的牛，要及时请有经验的兽医来处理，千万不要自己生拉硬拽小牛，甚至有的养牛户用小型拖拉机（小四轮）去拉牛，这样就可能把大小牛都拉伤了。一般有2～3个强壮的小伙子去拉小牛力量就足够了，在难产未能纠正好时，过多的人去拉小牛只能造成更大的麻烦和更大的损失。

难产是由于母牛或胎儿异常所引起的胎儿不能顺利地通过产道的分娩疾病。难产不仅容易造成胎儿死亡，而且有时甚至危及母牛的生命。因此，在母牛分娩时，必须加强责任心，注意密切观察，以便早期发现，及时助产。

对于每一个难产病例，都必须详细了解病史，仔细检查产道、胎儿及母牛全身状态，确定难产的原因及性质，提出助产的方法。

（1）产道检查。首先对母牛的外阴部及检查者的手臂进行清洗和消毒，然后戴塑料长臂手套后伸手入产道，检查产道、骨盆腔是否狭窄，子宫颈是否完全开张，产道是否干燥以及有无水肿和损伤等。

（2）胎儿检查。检查者宜将手伸入胎膜内检查，主要检查胎儿进入产道的程度、正生或倒生、胎势、胎向、胎位及胎儿的死活等情况。

1）正生、倒生。胎头及两前肢向产道产出为正生；反之，两后肢向产道产出为倒生。一般分娩时多为正生，倒生极少，两者都是正常现象。

2）胎势。正生时头及两前肢或倒生时两后肢以伸直姿势进入产道的是正常胎势；如果进入产道的头颈或四肢是弯曲的，就是异常胎势。

3）胎向。胎儿的背部朝向母牛的背部为上胎向，是正常胎向。如果胎儿的背部朝向母牛的一侧或腹下侧称为侧胎向或下胎向，都可造成难产。

4）胎位。胎儿身体纵轴与母牛纵轴一致的称为纵胎位，为正常胎位；近于横位或竖位时，分别称为横胎位或竖胎位，都是造成难产的胎位。

5）胎儿的死活。这对于选择助产方法有重要意义。在正生时可将手指伸入胎儿口内轻拉舌头，轻压眼球，或牵拉前肢，注意有无舌回缩、眼球转动、前肢回收或挣扎等。倒生时牵拉后肢，或将手伸入肛门，或触摸脐带血管，判定有无后肢回收或挣扎、肛门抽动、类似动脉的搏动等。如果发现有某一项生理性活动存在，就可判定是活胎儿；必须确认生理性活动全部消失，才能判定胎儿死亡。

（3）全身检查。对难产母牛，除重点检查产道、胎儿外，还要检查母牛的精神状态、体温、脉搏、呼吸、结膜颜色以及阵缩、努责强弱等全身状态，注意有无并发症。

23. 牛难产的助产原则有哪些?

牛难产的助产基本原则有：

（1）助产手术要争取时间早做，越早效果越好，剖宫产尤其如此。

（2）术前检查必须周密，根据检查结果并结合设备条件，慎重考虑手术方案、先后顺序以及相应的保定、麻醉措施等。

（3）难产时，胎水完全流失，产道干燥，应向子宫内灌注适量的灭菌石蜡油或食用油润滑产道。

（4）术者以及助手应该严格遵守消毒规则，以免对母牛的生殖器官造成污染。术后子宫内要投放抗生素，如土霉素的栓剂、片剂等。

（5）矫正胎儿时应将胎儿向腹腔推送，在母牛的子宫内进行操作，否则效果不佳，容易损伤产道。

（6）牵拉胎儿时，应随母牛的努责拉出胎儿，禁止暴力牵拉胎儿。拉出胎儿通过阴门时，朝拉胎儿的反方向向上推挤阴门以保护阴门，避免撕裂，必要时做阴门侧切术。

（7）如果努责强烈，必须在尾椎硬膜外腔麻醉，注射2%～3%普鲁卡因溶液15～20毫升。

（8）确实无法拉出胎儿时，为减少不必要的体力消耗，可使用截胎术或剖腹取胎术。

（9）做好术后检查工作，检查术前术后助产器械、敷料是否相符，母牛产道是否损伤，全身状况如何，是否术后不久就能站立，胎衣排出是否完整。

24. 牛难产的预防措施有哪些？

预防牛难产的饲养管理措施如下：

（1）应避免母牛过早配种，如果母牛未体成熟就过早产犊，分娩时就容易因骨盆狭窄造成难产。

（2）要根据妊娠母牛的特点合理饲喂，供给全价而足够的营养。

（3）妊娠母牛应该安排适当的运动，提高机体对营养物质的利用率，而且可使全身及子宫肌的紧张性提高，增加分娩时的产力。

（4）临产前对分娩是否正常及早作出诊断。

（5）分娩时避免应激性刺激。对于接近预产期的母牛，应在产前至少1周至半个月进产房适应环境，在分娩过程中，要保持环境安静，注意环境、牛后躯、产犊助产时的卫生消毒，并配备专人护理和接产。

(6) 预防难产的主要方法是在临产前进行产道检查，对分娩正常与否作出早期诊断，以便及早对各种异常进行纠正。

25. 母牛临产前检查的内容和注意事项有哪些?

母牛临产前检查的内容和注意事项如下：

(1) 除经产道检查胎位、胎向、胎势外，还应检查胎儿的大小、活力、进入产道的深度，检查母牛的骨盆腔大小及有无狭窄，检查阴门、阴道和子宫颈等软产道的松弛、润滑及开放程度等。这些可以帮助诊断有无可能发生难产，从而及时做好助产的准备工作。

(2) 如果子宫颈未开张，需等待或采取松弛子宫颈的措施。如果胎儿是正生，前置部分三件（头和两个蹄）俱全且正常，可让它自然排出。如果有异常，应立即进行纠正。

(3) 如果胎势异常，不要把露出的部分往外拉，以免胎儿的异常加剧，给矫正及以后的处理带来困难。另外，对产道内的胎儿的腿，应仔细判断是前腿还是后腿，如为两条腿，则应判断是同一个胎儿的前/后腿、双胎或是畸形。前后腿可以根据腕关节和跗关节的形状，尤其是蹄底方向和上述两关节可屈曲方向加以鉴别。胎儿如为倒生，需要迅速处理拉出，防止胎儿窒息。

(4) 牛临产前检查的几点要求：

出现以下任何一种情况，应进行检查和助产：

1) 母牛进入宫颈开张期后已超过6小时仍无进展。

2) 母牛在胎儿排出期已达2~3小时仍进展缓慢或毫无进展（但青年母牛比成年母牛进展缓慢，产程较长）。

3) 胎囊已悬挂或露出阴门，在2小时内胎儿仍难以娩出。

4) 胎水流失2小时后胎儿仍未娩出。

有关人员应随时观察有无难产的症状，观察预产牛的时间不少于 3 小时，以免难以确定胎儿排出期的长短。

26. 如何选择驱虫药物？

牛寄生虫病会造成极大的隐性损失，定期驱虫，驱虫保健效果更佳。选择药物首先应该选择安全正规厂家生产的药物，每次使用效果好的新的驱虫药物。

目前常用驱虫药物有阿维菌素，市场上有虫克星、阿福丁、阿力佳等商品名。还有长效复方伊维菌素注射液（伊维虫净），主要成分是伊维菌素、芬苯哒唑、缓释剂、功能剂，孕牛可用。

以上这些药物的特点是抗虫谱广，对绝大多数线虫、外寄生虫等都有很强的驱杀效果，而且低毒、安全。

27. 如何进行驱虫？

（1）驱虫对象选择和驱虫时间

1）每年对全群驱虫 2 次。晚冬早春（2—3 月）采取幼虫驱虫技术，阻止春季幼虫高潮的出现；秋季（8—9 月）驱虫，防止成虫秋季高潮出现和减少幼虫的冬季高潮。对于寄生虫发生严重的地区，在 5—6 月可再增加 1 次驱虫，避免牛在冬春季发生体表寄生虫病。

2）断奶前后的犊牛因营养应激，易受寄生虫侵害。此时要进行保护性驱虫，保护其正常生长发育。2～3 月龄（断奶前后）和 6 月龄的犊牛、本月新干奶牛、感染寄生虫的病牛等需要驱虫。如果从奶牛场经济实用的角度考虑，根据当地奶牛寄生虫病

流行病学调查结果，针对感染率高的寄生虫病进行驱虫效果较好。

3）母牛在接近分娩时进行产前驱虫，避免产后 4 ~ 8 周粪便中虫卵增多。在寄生虫污染严重的地区必须在产后 3 ~ 4 周进行驱虫。

4）对购买的架子牛要进行育肥的也需要进行保健性驱虫。

（2）驱虫方法。阿维菌素有针剂、粉剂、片剂等剂型。针剂为皮下注射（切勿肌内、静脉注射），每 5 千克体重用药 1 毫克；粉剂为灌服或拌料，每 5 千克体重用药 1.5 毫克；片剂为内服，每 5 千克体重用药 1.5 毫克。也可用长效复方伊维菌素注射液（伊维虫净）牛口服 0.02 ~ 0.03 毫升/千克体重（0.2 ~ 0.3 毫克/千克体重），皮下注射。

需要口服的驱虫药物最好直接人工灌服，目的是确保每头牛饲喂到位，谨防过多或者过少，以保证驱虫效果。

28. 驱虫应该注意的问题有哪些？

（1）驱虫前需要挑选干奶牛、后备牛各一头，分别按剂量用药后观察一定时间，确定药物安全、有效、无明显副作用后，再进行大群投药驱虫。对于溶液稀释驱虫药要现用现配。

（2）牛群有吸虫、绦虫感染时，还需选用丙硫苯咪唑进行驱虫。孕牛用药应严格控制剂量，按正常剂量的 2/3 给药。

（3）牛用药后 14 日方可宰杀食用，且用药后 21 天内生产的牛奶不得饮用。

（4）驱除牛体表寄生虫后 7 ~ 10 天重复用药 1 次，以巩固疗效。

（5）一般认为，寄生虫严重感染时采用针剂疗效更为显著，若选用其他剂型，则操作方便、省力。因此应当根据本地实际情况选择适当剂型。

（6）不能只对生长不良、已表现寄生虫病临床症状的牛驱虫，要群体性保健性投药。

为了充分发挥药效，要根据实际情况配合用药，可以在上午饲喂前驱虫，并在用药后或同时用盐类泻药，以便使麻痹的虫体和残留在胃肠道内的驱虫药排出，这样能收到更好的效果。

（7）对牛排出的粪便、垫料等要进行堆积发酵或无害化处理，以避免虫卵的感染。对牛的圈舍和运动场要定期清理，搞好环境卫生。

（8）严格按照驱虫药使用说明用药，严格控制使用量；同时防止使用过多药物造成中毒或者流产、早产等，保证牛只安全。所有泌乳牛或者即将泌乳牛禁止驱虫（按药物休药期进行推算），保证牛奶等质量安全；部分在泌乳期可以使用的驱虫药物，应按照国家相关规定使用。

（9）牛驱虫后必须对驱过虫的牛跟踪观察 48 小时，同时备有必要的防过敏措施和急救方案。

（10）驱虫药使用后要备足清洁、适量的饮水，这也是日常必须做好的工作之一。尤其夏季必须防止蚊虫的虫卵进入饮水池，导致牛只间接感染。

29. 如何从源头控制牛寄生虫病的发生？

牛驱虫保健是牛保健预防环节中重要的一环，定期预防性驱虫可促进后备牛生长发育，预防牛传染性疾病的发生，但从保健预防角度来讲，防止牛感染寄生虫病更多地需要从源头控制。为了减少牛寄生虫病的发生，需要做好以下几点：

(1) 注重饲料来源。坚决从有安全认证的产地进货，保证饲料的质量安全。

(2) 牛舍与放牧场环境管理。必须建立牛舍与放牧场定期消毒制度，包括牛舍牛床消毒、料槽消毒、牛粪堆池消毒、放牧场消毒等。

(3) 饮水池管理。以牛为本，保证饲喂的饮水干净、新鲜，及时清理消毒。

(4) 灭蝇驱蚊除害虫等管理。对季节性蚊蝇，必须有针对性地采取措施。定期进行灭鼠，驱赶牛场内猫狗等动物。

总之，将牛吃入的料、身体接触的地方都考虑全面，才可能控制寄生虫病的发生。

疾病防治篇

一、传染病

1. 口蹄疫

口蹄疫俗称“口疮”“蹄癀”，是由口蹄疫病毒在牛、羊、猪等家畜中引起的一种急性、发热性、高度接触性、烈性传染病，其中牛最容易感染。临床特征为口、舌、唇、蹄、乳房等部位发生水疱和溃烂。本病传染性极强，常在短期内形成大规模的流行，造成严重的经济损失。

◆流行特点　本病主要是通过直接接触和空气传播，通过鸟和风可从远方传播。被病毒污染的草场、饲料、饮水、用具等是传染本病的媒介。本病流行猛烈，2～3 天内即可波及全群，乃至一片地区。发病率很高，但病死率不到1%～2%。

◆临床症状　潜伏期为 2～7 天，有时可达 14 天。病牛以口腔黏膜水疱为主要特征。病初，体温升高至 40～41℃，精神委顿，闭口流涎。1～2 天后，口唇内面、齿龈、舌面和颊黏膜出现蚕豆至核桃大小的水疱。口角流涎增多，呈白色泡沫状，常挂在嘴边，采食完全停止。水疱经 24 小时破裂形成浅表的红色糜烂。与此同时或稍后，趾间及蹄冠皮肤表现热、肿、痛，继而发生水疱、烂斑，病牛跛行。水疱破溃后，体温下降，全身症状好转。如果蹄部继发细菌感染，局部化脓坏死，则病程延长，甚至蹄匣脱落。病牛的乳房皮肤有时也可出现水疱、烂斑。犊牛患病时，水疱症状不明显，常呈急性胃肠炎和心肌炎症状而突然死亡（恶性口蹄疫），死亡率高达 20%～50%。

◆鉴别诊断

①与牛黏膜病。口腔黏膜的糜烂与口蹄疫相似，但无水疱过程，糜烂灶小而浅表；口腔黏膜损害之后，出现严重腹泻；妊娠母牛流产或娩出畸形胎儿。

②与牛恶性卡他热。除口腔黏膜有糜烂外，鼻黏膜和鼻镜上也有坏死过程，还有全眼球炎、角膜混浊，全身症状严重，病死率很高，但发病率较低。发病多与羊接触有关。

③与水疱性口炎。口腔病变与口蹄疫相似，但较少侵害蹄部和乳房皮肤。常在一定地区内的个别牛中发病，发病率和病死率都很低，多见于夏季和秋初。

◆防治措施　根据国家的规定，口蹄疫病牛应一律扑杀，不准治疗，所以这里只介绍预防知识。

①平时的预防措施。在本病的常发区、受威胁区（如国境线地带），每 3 ~4 个月进行一次疫苗接种，O 型、亚 1 型、A 型三种疫苗都要接种。为节省疫苗接种时间，三种疫苗可同时接种。犊牛 90 日龄进行初免，间隔 1 个月进行一次强化免疫，以后每间隔 3 ~4 个月免疫一次。

②流行时的防治措施。发生口蹄疫时，应立即向当地兽医机关报告疫情，要根据“早、严、小”的原则，划定封锁疫区，严格封锁，就地扑灭，严防蔓延。

疫点周围和疫点内未感染的牛、羊、猪应立即接种口蹄疫疫苗。接种顺序由外向内。

污染的圈舍、饲槽、工具和粪便可用 1% ~2% 氢氧化钠、10% ~20% 石灰乳、20% 草木灰或 1% 福尔马林溶液浸泡或喷洒消毒，对不能浸泡或喷洒消毒的物品可置于封闭的容器内用福尔马林熏蒸。最后一头病牛扑杀 14 天后，无新病例出现，经彻底消毒，报请上级兽医防疫站批准后方可解除封锁。

目前，国家法律规定采取焚毁尸体的办法以彻底消灭病原，并由国家补偿饲养户的大部分经济损失。

2. 牛病毒性腹泻—黏膜病

本病简称牛病毒性腹泻或牛黏膜病，其特征为黏膜发炎、糜烂、坏死和腹泻。

◆流行特点　不同品种、性别、年龄的牛都易感，但以6～8月龄的小牛症状最重。本病的传播途径较多，经消化道、呼吸道和生殖道均可感染。孕牛感染后，病毒可经胎盘传给胎儿，导致流产和死产。本病在新疫区急性病例多，发病率通常不高，约为5%，但病死率高，为90%～100%；老疫区则急性病例很少，发病率和病死率很低，而隐性感染率在50%以上。本病常年均可发生，通常多发生于冬末和春季。

◆临床症状　临床上一般分为急性型和慢性型，但即使是同型病例，其症状也往往差别很大。

①急性型。牛突然发病，病初呈上呼吸道感染症状，表现发热（40～42℃）、流鼻液、咳嗽、呼吸急促、流泪、流涎、精神委顿等，有的还有第二次体温升高。而后口腔黏膜发生糜烂或溃疡，出现腹泻。糜烂见于唇内、齿龈、上颚、颊部和舌面以及鼻镜、鼻孔周围，散在、浅表、细小，不易被发现。腹泻刚开始是水泻，以后带有黏液和血液，恶臭。奶牛泌乳减少或停止，有的发生趾间皮肤溃疡、蹄冠炎、蹄叶炎，从而导致跛行。重症病牛多于5～7天内因急性脱水和衰竭而死亡。病理变化主要是口腔、食管、胃肠黏膜的水肿和糜烂，其中以食管中成纵行的小糜烂最有特征性。

②慢性型。多由急性型转来。慢性病牛很少有明显的发热症状，但体温有时可能略高于正常。最具特征性的症状是鼻镜上的糜烂，这种糜烂可在鼻镜上连成一片。眼角常有浆液性分泌物，

口腔内很少有糜烂，但门齿齿龈通常发红。持续性或间歇性腹泻。病牛有时会出现蹄叶炎及趾间皮肤糜烂，从而导致跛行。有的颈部、耳后皮肤呈皮屑状或局限性脱毛和表皮角化。大多数病牛均死于2～6个月内。这种病牛通常呈持续感染，发育不良，终归死亡或被淘汰。

妊娠牛患病时，可发生流产，产木乃伊胎，或引起多种先天性畸形，如白内障，眼过小，秃毛，短颈，肺、胸腺、小脑等器官发育不全等。最常见的缺陷是小脑发育不全，从而导致病犊出现站立不稳、走路摇晃等共济失调症状。还可侵害生殖细胞，引起不育症。主要病变出现在消化道和淋巴组织。特征性损害是食道黏膜糜烂，形状大小不等，呈直线排列。

◆鉴别诊断　当病牛出现口腔糜烂或溃疡、眼鼻有分泌物时，应注意与口蹄疫、恶性卡他热、蓝舌病等相鉴别；当病牛出现慢性腹泻时，应注意与牛肠型结核病和牛副结核病相鉴别。有关鉴别要点参照口蹄疫和牛副结核病。

◆防治措施　本病目前尚无有效治疗方法。使用收敛剂和补液疗法可缩短恢复期，减少损失。用抗生素和磺胺类药物可减少继发性细菌感染。引种时要加强检疫，防止引入带毒牛。一旦发生本病，对病牛要隔离治疗或急宰。严格消毒，限制牛群活动，防止扩大传染。必要时可用黏膜病弱毒疫苗或猪瘟弱毒疫苗进行预防接种。

3. 水疱性口炎

水疱性口炎是一种急性、热性、水疱性传染病，主要发生于牛、马、猪及某些野生动物中。特征为口腔黏膜、舌、唇发生水疱，偶见侵害蹄部和乳房皮肤。

◆流行特点　病牛随水疱液和唾液排出病毒，健康牛通过损伤的皮肤和黏膜感染，因此，污染的饲料、饮水和昆虫叮咬都是本病的传播媒介。本病多在一定地区内的个别牛中发病，有明显的季节性，多见于夏季和秋初。

◆临床症状　潜伏期3～5天，长者可达9天。病牛高热(40～41℃)，食欲减退，反刍减少，大量饮水。特征性的症状是在舌、唇黏膜上出现米粒大的小水疱，而后彼此融合形成蚕豆大的大水疱，内含黄色透明液体。水疱破裂、疱皮脱落后，遗留边缘不整的鲜红色烂斑。病牛大量流涎，呈引缕状垂于口角，并发生咂唇音。有的在蹄部和乳房皮肤上也发生水疱。病程1～2周，转归良好，极少死亡。

◆鉴别诊断　容易与口蹄疫混淆，应注意区别，鉴别要点见口蹄疫。

◆治疗　本病多呈良性经过，加强护理即可康复。如口腔黏膜有烂斑，可用0.1%高锰酸钾水溶液冲洗口腔，而后涂抹碘甘油，也可配合病毒唑肌内注射。

◆预防　本病发生后，应隔离病牛和可疑病牛，并封锁疫区，污染的牛舍、场地和用具等用2%～4%氢氧化钠溶液消毒。

4. 牛流行热

牛流行热又称三日热、暂时热，是牛的急性、热性传染病。主要特征是高烧、流泪、呼吸促迫、流出泡沫样的口水、流鼻液以及后肢活动不灵活。发病率高，但多呈良性经过，轻症2～3天内即可恢复正常。

◆流行特点　本病主要发生于3～5岁的黄牛和奶牛，黄牛、高产奶牛和进口牛种最容易感染，哺乳母牛症状较严重，犊牛发

病率较低。主要发生在蚊蝇较多的季节，特别是在7—9月易发生流行。该病的传染源为病牛，吸血昆虫可能在该病的传播中起作用。

◆临床症状　潜伏期3～7天，在此期间病牛有打寒颤、动作不太协调的表现，但通常不易被察觉。随后，突然发热达40℃以上，并持续2～3天，病牛在高热时，呼吸困难，常发出呻吟声。眼结膜发红肿胀，流泪、怕光，鼻中流出透明黏稠鼻液，嘴边有泡沫，嘴角流口水呈线状。排尿量减少，常排出暗褐色、不清亮的尿液。病牛不爱活动，行走时步态不稳，后肢抬举困难，常擦地前行。鼻镜干燥，反刍停止，产乳下降甚至停乳。更严重时，病牛常卧地不起，四肢关节有轻度肿胀和疼痛，甚至跛行。孕牛可流产，大多数牛能耐过，个别病牛可因窒息或继发肺炎而死亡。

◆鉴别诊断

与呼吸型牛传染性鼻气管炎。该病没有明显的季节性，但多发生于冬季。该病只感染牛，多表现为高烧、流鼻液、流泪、呼吸困难、咳嗽等症状。

与恶性卡他热。参照口蹄疫的鉴别诊断。

与牛副流感。该病常发于冬春寒冷季节，除呼吸道症状外，还可见乳房炎，但无跛行。

与其他病毒性感染。牛感染牛腺病毒、牛呼吸道合胞体病毒、牛鼻病毒后，也可出现发热、鼻炎、气管炎、支气管肺炎等症状。主要靠实验室检查加以区分。

◆治疗　迄今为止牛流行热无特异疗法。为恢复健康、阻止病情恶化、防止继发感染，只能采取对症治疗。体温升高时，可肌内注射复方氨基比林20～40毫升，或30%安乃近20～30毫升。对重症病牛，同时给予大剂量的抗生素，防止继发感染，并静脉内补液、强心、解毒，常用葡萄糖氯化钠注射液2 000～3 000

毫升、10%安钠咖20毫升、维生素C 20～30毫升，肌内注射维生素B_1、维生素B_{12} 30～50毫升，每天2次。严禁口服灌药，以免引起异物性肺炎。对四肢关节疼痛的，可静脉注射复方水杨酸钠溶液200毫升。实践证明，加强护理可以收到事半功倍的疗效。

◆预防　自然发病康复牛在一定时间内对本病有免疫力。用弱毒疫苗接种，共接种2次，第1次接种后1个月再接种1次，免疫期6个月。也可用灭活疫苗，其效果更佳。

加强环境卫生，积极消灭蚊蝇，做好防暑降温工作。供给易消化且营养丰富的优质饲料，以提高机体抗病力。经常保持牛栏清洁干燥、通风凉爽。发生疫情后，及时隔离病牛，并进行严格的封锁和消毒，消灭蚊蝇等吸血昆虫，能有效地控制疫情。

5. 恶性卡他热

恶性卡他热又称恶性头卡他、坏疽性鼻卡他，是牛的一种急性、热性、高度致死性传染病。其特征为发热，眼、口、鼻黏膜剧烈发炎，角膜混浊，并伴有严重的神经症状，病死率很高。

◆流行特点　各种牛均易感，以1～4岁的牛发病多，但以2岁左右的小牛最易感染，老龄牛发病少。绵羊和鹿呈隐性感染，牛发病都与接触绵羊有关，但是病牛与健牛接触不发生传染。本病一年四季均可发生，多见于冬季和早春。一般呈零星散发病，但病死率很高，可达60%～90%。

◆临床症状　潜伏期一般4～20周或更长。临床病型有多种，如头眼型、消化道型、最急性型、良性型、慢性型等，但常多型混合表现。病牛突然体温升高（41～42℃），稽留热，全身迅速虚弱，不久眼、口、鼻黏膜剧烈发炎。双眼羞明，眼睑肿胀

闭合，流泪，常有脓性及纤维素性分泌物，角膜混浊甚至发生溃疡，最终完全失明。同时，鼻镜干裂、糜烂或坏死；口鼻黏膜充血、糜烂或溃疡，覆有污灰色假膜，其味恶臭；额窦、鼻窦和角窦发炎致使局部发热，角根松动甚至角脱落；头部和全身淋巴结肿大；粪便先干后泻，混有血液，恶臭。有的皮肤出现丘疹、水疱疹或龟裂等变化。多数病例伴发神经症状，沉郁或昏迷，有时兴奋、哞叫、磨牙，甚至攻击人畜。病程一般5~14天，但有少数呈最急性经过，尚未出现眼、口、鼻的特征性症状即于1~2天内死亡。良性经过时只表现轻微的头部黏膜卡他。

◆鉴别诊断　本病常与口蹄疫、牛病毒性腹泻—黏膜病、牛蓝舌病等类似疾病相鉴别。

①与口蹄疫。该病在口腔和蹄部产生特征性水疱，且无神经症状，容易与恶性卡他热区别。

②与牛病毒性腹泻—黏膜病。该病多发生于幼龄小牛，一般无神经症状。

③与牛蓝舌病。恶性卡他热病牛的硬腭、前胃黏膜发生广泛的糜烂病灶，常有眼部疾患，角膜混浊，且为零星散在发生，病死率很高。必要时可通过动物接种进行区别。

◆治疗　本病目前尚无可供免疫接种的生物制剂，也无特效的治疗方法和药物。

◆预防　控制本病最重要的措施是，在本病流行区将牛羊隔离，避免牛羊接触或混群圈养，防止疾病传播。同时注意牛舍和用具的消毒。

6. 蓝舌病

蓝舌病是反刍动物的一种非接触病毒传染病，主要发生于绵羊、山羊、牛和鹿。其特征是发热，白细胞减少，口腔、鼻腔和胃肠黏膜发生溃疡性炎症，且病畜的舌呈蓝紫色，该病也因此而得名。

◆流行特点　本病传染源为病羊，疫区健康的牛也有带毒。主要通过库蠓类传递，库蠓吸病畜血后，病毒于其体内繁殖，再叮咬健康畜时即可传染本病。在5—10月份库蠓活动季节易发本病，低洼地区易流行本病。

◆临床症状　潜伏期5～7天。病牛口唇轻微水肿，硬腭、唇、舌、颊部及鼻镜有轻微的糜烂，口鼻有分泌物。呼吸浅表，咳嗽，肌肉僵硬，体温升高，厌食，妊娠母牛可引起流产。

◆鉴别诊断　蓝舌病与牛病毒性腹泻—黏膜病和恶性卡他热等有一些相似之处，应注意鉴别。

①与牛病毒性腹泻—黏膜病。病牛虽然可在口腔出现糜烂，但以腹泻为主，且无舌、咽喉和食管麻痹症状。

②与恶性卡他热。除口腔有糜烂外，还有角膜混浊、全眼球炎等严重的眼部症状。

◆防治措施　从外地购入牛、羊时要检疫，不从有蓝舌病的疫区购入牛、羊。在夏季不到低洼地区放牧，做好防蠓等吸血昆虫的工作。

7. 轮状病毒感染

轮状病毒感染主要是多种幼龄动物（包括牛、羊、猪、犬、马、兔等）和人类婴幼儿的一种急性肠道传染病，统称轮状病毒腹泻，以厌食、腹泻、脱水和体重减轻为特征。

◆流行特点　病畜、隐性病畜和患病的人是本病的传染源，多发生于1周龄内的新生犊牛，经消化道途径感染易感家畜。该

病多发生在晚秋、冬季和早春季节。应激因素，特别是寒冷、潮湿、不良的卫生条件、饲喂营养不平衡的饲料和其他疾病的袭击等，对该病的严重程度和病死率均有很大影响。

◆临床症状　潜伏期15～96小时，病牛精神委顿，体温正常或略有升高。若体温下降到常温以下则是死亡征兆。厌食和腹泻，粪便黄白色，液状，有时带有黏液和血液，腹泻持续4～7天，则脱水明显，病死率可达50%。寒冷气候使许多病牛继发严重的肺炎而死亡。

◆治疗　发现病牛应立即隔离到已消毒的清洁、干燥和温暖圈舍内，加强管理，及时清除病牛粪便及污染的垫草，对污染的环境和容器及时消毒。停止喂奶，让病牛自由饮用葡萄糖甘氨酸溶液（葡萄糖22.55克、氯化钠4.75克、甘氨酸3.44克、柠檬酸0.27克、枸橼酸钾0.04克、无水磷酸钾2.27克，溶于1升水中即成）或葡萄糖盐水。并对病牛进行对症治疗，如口服收敛止泻剂，使用抗菌药物以防止继发感染，静脉注射5%葡萄糖盐水和5%碳酸氢钠溶液以防止脱水和酸中毒等。

◆预防　该病的预防主要依靠加强饲养管理，认真执行一般的动物防疫措施，增强母牛和犊牛的抵抗力。在疫区要做到新生犊牛及早吃到初乳，接受母源抗体的保护以减少和减轻发病。有条件的地方可通过注射疫苗预防牛轮状病毒的感染。

8. 牛传染性鼻气管炎

牛传染性鼻气管炎又称“坏死性鼻炎”“红鼻子病”，是牛的一种急性、接触性传染病。临床特征是鼻道、气管黏膜发炎，出现发热、咳嗽、流鼻液和呼吸困难等，有时伴发结膜炎、阴道炎、龟头炎、脑膜脑炎、乳房炎，也可发生流产。

◆流行特点　本病主要感染牛，尤其是肉用牛最易感，其次是奶牛。肉用牛群的发病有时高达75%，其中又以20～60日龄的犊牛最为易感，病死率也较高。病牛和带毒牛是传染源，易感牛可通过呼吸道或生殖道感染。饲养密集、通风不良可增加接触机会，因此，本病多发于冬春舍饲期间。

◆临床症状　潜伏期一般为4～6天，有时达20天以上。根据侵害的组织不同，本病有6种临床类型，但是它们往往是不同程度地同时存在，很少单独发生。

①呼吸道型。本型在临床上较为常见，通常发生于寒冷季节。病牛高热40℃以上，咳嗽，呼吸困难，流泪，流涎，流黏液脓性鼻液，鼻黏膜高度充血，有散在的灰黄色小脓疱或浅而小的溃疡。鼻镜也发炎充血，呈火红色，故有"红鼻子病"之称。病程10～14天，发病率高达75%以上，但病死率不高，通常在10%以下。犊牛症状急而重，常因窒息或继发感染而死亡。

②生殖器型。本型主要见于性成熟的牛，多由交配感染。母牛患本型又称传染性脓疱性外阴阴道炎。病牛尾巴竖起挥动，频尿，阴门流黏液脓性分泌物并呈线条状。外阴和阴道黏膜充血肿胀，散在有灰黄色粟粒大的脓疱，严重时黏膜表面被覆灰色假膜，并形成溃疡，甚至发生子宫内膜炎。公牛患本型又称传染性脓疱性包皮龟头炎。患病公牛龟头、包皮内层和阴茎充血，形成小脓疱或溃疡，康复后可长期带毒。

③脑膜脑炎型。本型主要发生于犊牛。病犊体温升高达40℃以上，开始表现为流鼻液、流泪、呼吸困难等症状。3～5天后可见肌肉痉挛，兴奋或沉郁，视力有障碍。最后出现惊厥、共济失调、角弓反张、口吐白沫、倒地，多很快死亡，病死率50%以上。

④眼炎型。本型多与上呼吸道炎症合并发生。主要症状是结膜角膜炎，表现结膜充血，眼睑水肿，大量流泪，角膜形成云雾

状灰色坏死膜，结膜形成颗粒状坏死膜，眼、鼻有浆液性或脓性分泌物，很少引起死亡。

⑤流产型。妊娠牛可在呼吸道和生殖器症状出现后的1～2个月内流产，也有突然流产的。非妊娠牛则可因卵巢功能受损害导致短期内不孕。

⑥肠炎型。本型见于2～3周龄的犊牛，在发生呼吸道症状的同时出现腹泻，甚至排血便。病死率20%～80%。

◆鉴别诊断　参照牛流行热。

◆治疗　本病目前无特效药物治疗，为阻止继发感染，可应用广谱抗生素或磺胺类药物，配合对症治疗以减少死亡。

◆预防　预防本病的关键是防止传染源侵入牛群，引进牛只时，一定要先隔离检疫3周，对种公牛要采精检验，确认健康后方可混群或参加配种。在流行区域和受威胁地区，用牛传染性鼻气管炎弱毒疫苗或灭活疫苗进行免疫接种，以预防和控制本病，6月龄以上犊牛必须接种疫苗。

9. 炭疽

炭疽是一种急性、热性、败血性的人兽共患传染病。病牛表现为突然高热，可视黏膜发绀和天然孔出血，血液凝固不良，呈煤焦油样。其病变特点是脾脏显著肿大，皮下及浆膜下结缔组织出血性浸润。

◆流行特点　各种家畜和人都有不同程度的易感性。主要传染源是病牛，病畜分泌物、排泄物及尸体污染的土壤中长期存在着炭疽芽孢，将可能成为长久的疫源地。本病主要通过采食污染的饲料、饲草和饮水经消化道感染；其次通过皮肤感染，是由带有炭疽杆菌的吸血虫叮咬而感染；此外可由于吸入带有炭疽芽孢的灰尘，通过呼吸道感染。本病常呈地方性流行或散发，且在夏季多发。

◆临床症状　潜伏期1~3天，有的长达14天。根据临床症状和病程可分为以下几型：

①最急性型。多见于流行初期。牛突然发病，行如醉酒，或突然倒地，全身战栗。体温升高，呼吸极度困难，可视黏膜蓝紫，天然孔流出煤焦油样血液，常于数分钟内死亡。

②急性型。最为常见，体温升高至42℃，呼吸和心跳加快，可视黏膜蓝紫，表现兴奋不安，吼叫或顶撞人畜，以后精神不振，反刍停止，瘤胃臌胀。奶牛泌乳停止，呼吸困难，孕牛迅速流产。有的病牛有腹痛和血样腹泻。后期体温下降，痉挛而死，病程1~2天。

③亚急性型。症状类似急性型，除急性、热性病征外，常在体表各部，如喉部、颈部、胸前、腹下、肩胛、乳房等部皮肤，以及直肠、口腔黏膜等处发生炭疽痈，初期硬固有热痛，以后热痛消失，可发生坏死或溃疡，病程可长达一周。

◆鉴别诊断

①与急性中毒。体温不升高，有中毒症状和中毒史。

②与巴氏杆菌病。无尸僵不全，脾脏变化不明显，取血液、脏器或肿胀部水肿液涂片染色镜检，可见两极浓染的巴氏杆菌。

③与气肿疽和恶性水肿。患部常呈气性炎性肿胀，按压有捻发音，切开后流出含气泡和酸败臭味的液体。取水肿液涂片染色镜检，可发现无荚膜但中央有梭形芽孢的粗大杆菌。

④与梨形虫病。取血液涂片镜检，可在红细胞内发现呈梨形的血孢子虫，用贝尼尔、黄色素等药物治疗可获良效。

◆防治措施　发生炭疽时应立即向防疫部门上报疫情并封锁发病场所。禁止动物、动物产品和草料出入疫区，禁止食用患病动物的乳、肉等。动物尸体依法焚烧，或覆盖生石灰或20%漂

白粉后深埋。周围假定健康群应立即进行紧急免疫接种；可疑动物可用敏感药物防治，如青霉素、土霉素、链霉素及磺胺类药。

全场彻底消毒，污染的地面连同15～20厘米厚的表层土一起取下，加入20%漂白粉溶液混合后深埋。污染的饲料、垫草、粪便焚烧处理。动物圈舍的地面和墙壁用20%漂白粉溶液或10%烧碱水喷洒3次，每次间隔1小时，然后认真冲洗，干燥后火焰消毒。在最后一头动物死亡或痊愈14天后，若无新病例出现，可报请防疫部门批准，并经终末消毒后方可解除封锁。

由于炭疽的疫源地一旦形成即难以在短期内根除，因此对炭疽疫区内的易感动物，每年应定期进行预防接种。常用的疫苗有无毒炭疽芽孢苗或炭疽第二号芽孢苗，接种后14天产生免疫力，免疫期为1年。

10. 恶性水肿

恶性水肿是一种经创伤感染的急性传染病。其特征为创伤局部发生急剧气性、炎性水肿，并伴有发热和全身毒血症。

◆流行特点　本病病原菌在自然界分布很广，尤其在动物粪便污染的表层土壤中更多。牛多在发生闭合性污染创（如分娩、去势、刺伤、骨折等）后继发本病，一年四季均可发病。

◆临床症状　潜伏期12～72小时。在创伤周围迅速发生肿胀，肿胀呈水肿性并有气性肿胀。初期坚实热痛，后期无热无痛，柔软。体温升至40.5～41.5℃。触摸肿胀上方有捻发音是本病的一个特点。切开肿胀部、皮下、肌肉有多量红褐色液体流出，混有气泡，气味腥臭。肿胀发展迅速，同时全身中毒症状随之加剧，表现有呼吸困难，结膜充血、发绀等变化。产道感染时，阴门肿胀，阴道充血，流出有臭味的褐色液体。肿胀迅速波及会阴、乳房、下腹乃至股部，此时病牛运动障碍，垂头拱背，呻吟，通常经 2～3 天死亡。

◆鉴别诊断 本病与气肿疽都有急性炎性、气性肿胀的症状，容易混淆。鉴别要点见气肿疽。

◆防治措施 平时注意防止外伤，一旦发生外伤则要及时清创与消毒。接产、阉牛时，选择避风清洁之处，做好术前、术后严格消毒。发生本病时，应隔离治疗。必要时可用含腐败梭状芽孢杆菌和气肿疽梭状芽孢杆菌的混合菌苗预防免疫。污染的圈舍和场地随时用 10% 漂白粉或 3% 氢氧化钠溶液消毒，并烧毁粪便和垫草。同时要做好个人防护。

对病牛应用磺胺二甲嘧啶 0.15～0.2 克/千克体重，口服，或青霉素 4 500～9 000 单位/千克体重，肌内注射，配合链霉素 3～4 克/头，肌内注射。本病发展迅速，很快进入败血症阶段，大多数病例治疗无效而死亡。

11. 气肿疽

气肿疽俗称“黑腿病”，是牛的一种急性败血性传染病，以肌肉丰满的部位（尤其是股部）发生黑色的炎性气性肿胀，按压有捻发音为特征。

◆流行特点 以黄牛的易感性最大，尤其是 2 岁以下的小牛更多发，发病率可达到 2%～3%。奶牛和水牛易感性较差，病牛是主要的传染源。肿胀部位破溃后，病菌随渗出物排出而污染环境，通过消化道感染，也可经创伤及吸血昆虫的叮咬而传染。舍饲牛发病无明显的季节性，放牧牛夏季发生较多。

◆临床症状 潜伏期一般为 3～5 天。突然发病，体温升高达 40～41℃，食欲和反刍停止，出现跛行。不久在股、臀、腰、

肩等肌肉丰满的部位发生炎性气性水肿，并迅速向四周扩散。初有热有痛，后变凉且无痛，肿胀皮下干硬，叩之如鼓，压之有捻发音。切开肿胀处，可见泡沫状黑红色酸臭液体。病牛全身症状迅速恶化，脱水，躺卧，出现明显的神经症状和休克，常在2~3天内死亡。

◆鉴别诊断　气肿疽的局部肿胀与恶性水肿十分相似，特别要注意鉴别。恶性水肿各处都可能发生，呈散发，大多经创伤感染，各种年龄和品种的牛都可发生。另外，恶性水肿发生部位不定，有嘎吱音（捻发音），但不如气肿疽显著，气肿疽主要在肌肉丰满部位发生水肿，嘎吱音显著。还应注意与牛炭疽和牛巴氏杆菌病区别，鉴别要点见炭疽。

◆治疗　气肿疽发病急，经过短，一定要及早大剂量地使用抗菌药物，方能提高疗效。青霉素每天肌内注射3~4次，每次200万~300万单位。也可静脉注射4.4万单位/千克体重的青霉素，每日4~6次，效果极好。如配合抗气肿疽血清，效果更好。肿胀局部在后期必须在严防散毒的条件下迅速切开，使组织和氧直接作用，以破坏厌氧环境。

◆预防　对近3年内发生过气肿疽的地区，每年春天要接种气肿疽菌苗，大小牛一律皮下注射5毫升，小牛满6个月后须再加强免疫一次，免疫期约6个月。一旦发生本病，要对整个牛群逐头检查，对病牛和可疑病牛就地隔离治疗，其他牛立即接种气肿疽菌苗。病牛的尸体不准食用，连同被污染的粪、尿、垫草等一起烧毁或深埋。病牛舍及场地用3%的甲醛液彻底消毒，对注射器械、针头和用具严格消毒，防止交叉感染。

12. 肉毒梭菌中毒症

肉毒梭菌中毒症是由于摄入含有肉毒梭菌毒素的食物或饲料而引起的人和多种动物的一种中毒性疾病。本病以运动神经麻痹为特征。

◆流行特点　肉毒梭菌在自然界中广为分布，牛多在采食了含有毒素的腐烂青贮饲料或腐尸（如鼠尸）后发病。

◆临床症状　潜伏期与摄入毒素量多少有关，一般为4～20小时，长的可达数日。突出的症状为神经麻痹，从头部向后躯迅速发展。初见咀嚼、吞咽异常，后则完全不能嚼咽；下颌下垂，舌垂于口外；眼半闭，似睡眠状，瞳孔散大。波及四肢时，步态踉跄，卧地不起，但反射、意识始终正常。最后多因呼吸麻痹而死亡。病程长短视摄入毒素量而异，最快者数小时内即死亡，病死率达70%～100%。

◆治疗　病牛多数死亡。发病早期可试用0.1%高锰酸钾水灌肠洗胃，或口服盐类泻剂，促进排毒，同时强心补液。如早期应用肉毒梭菌抗毒素治疗，效果较好。

◆预防　关键是禁喂腐烂草料，特别是霉烂的青贮饲料，缺磷地区应多补钙和磷。经常发生本病的地区，应每年在发病季节前用肉毒梭菌C型明矾菌苗定期进行接种，每头牛皮下注射10毫升。

13. 破伤风

破伤风又称强直症、锁口风或脐带风，是一种急性中毒性人

兽共患病，牛易感染。本病以肌肉强直性痉挛、对外界刺激的反射兴奋性增高为特征。

◆流行特点　破伤风梭菌广泛存在于土壤和草食兽的粪便中，当牛发生创口狭小而深的外伤时，病菌被带入而致病。因此，本病无季节性，多呈散发。

◆临床症状　常见于阉割、钉伤、刺伤和脐部感染之后，潜伏期1～2周。发病时，肌肉僵硬，张口困难，运动拘紧，严重时关节不能弯曲；反刍、嗳气停止，瘤胃臌胀。瞬膜突出，受到声响、强光等刺激时症状加剧，病死率较低。

◆鉴别诊断　轻症时，应与全身性肌肉风湿症相区别。急性风湿症兴奋性不高，肌肉疼痛，瞬膜不突出，体温升高。

◆治疗　把病牛放于阴暗避光的圈舍。扩大创口，清除脓汁和坏死组织，用3%双氧水或5%碘酊消毒，肌内注射青霉素200万～400万单位。同时静脉注射破伤风抗毒素50万～90万单位，40%乌洛托品50毫升。为缓解痉挛，可静脉缓慢注射25%硫酸镁100毫升。此外，还要进行对症治疗，如输液补糖，解除酸中毒以防治并发症。

◆预防　每年给牛接种一次破伤风类毒素，一律皮下注射2毫升。断脐、阉割或发生外伤时，立即用碘酊严格消毒，有条件者，可同时肌内注射破伤风抗毒素1万～3万单位。

14. 坏死杆菌病

坏死杆菌病是由坏死梭杆菌引起的各种哺乳动物和禽类的一种慢性传染病。牛由于发生部位不同而有犊白喉、腐蹄病等名称，以病变部组织呈现坏死和有特殊臭味为特征。

◆流行特点　本病的传染源主要为病畜和带菌动物。患病动物的肢、蹄、黏膜出现坏死病变，病菌随渗出分泌物污染周围环境。皮肤、黏膜和消化道一旦发生损伤，就可能感染发病。牛群密集拥挤，或长期在低洼潮湿地放牧，采食带刺植物等，可促使本病发生。

◆临床症状　潜伏期一般为1～3天，病型因受害部位不同而有所不同：

①腐蹄病。多见于成年牛。病初跛行，蹄部发热肿胀，流出恶臭的脓汁，极为疼痛。不久趾间或蹄后部皮肤出现坏死区，并逐渐向上向深部蔓延，甚至波及关节，严重者可引起蹄匣脱落，出现发热、厌食等全身症状，可发生脓毒败血症而死亡。

②坏死性口炎。又称“犊白喉”，多发生于犊牛。病初厌食、体温升高、流涎。颊、齿龈、软腭、舌缘及喉头等处的黏膜发生坏死，坏死灶表面附有污褐色粗糙的假膜，假膜脱落后露出溃疡面。如病灶发生于喉头、气管，可致呼吸困难；如转移至肺，可引起坏死性支气管肺炎；如转移至肠，可引起坏死性肠炎而呈现下痢。

◆治疗　对腐蹄病，先彻底清除患部坏死组织，用1%高锰酸钾水、3%来苏儿或10%硫酸铜冲洗消毒，也可用5%福尔马林或10%硫酸铜进行蹄浴。用1%甲醛酒精绷带多层包扎后，涂布熔化的柏油或裹以石膏，防止绷带脱落和污物渗入。对犊白喉，小心除去假膜，用1%高锰酸钾水冲洗口腔，然后涂擦碘甘油，每天2次，直至痊愈。为了防止病菌转移，可静脉注射抗菌药物，如磺胺药物。

◆预防　加强环境卫生和护蹄措施，避免皮肤和黏膜损伤，发生外伤要及时处理。不到低洼潮湿地放牧，在多发季节，可在饲料中加抗生素类药物进行预防。

15. 牛巴氏杆菌病

牛巴氏杆菌病又称牛出血性败血症，是牛的一种急性传染病。以发生高热、肺炎和内脏广泛出血为特征。

◆流行特点　牛在发病前已带菌，当受冷、过劳、长途运输或饥饿等诱因导致抵抗力降低时即可致病。发病后，病原体的毒力增强，并随分泌物、排泄物排出体外，污染饲料和饮水等，引起其他牛感染，也能经呼吸道感染，天气突变和秋末冬初容易发病。

◆临床症状　潜伏期 2～5 天，根据临床症状可分为以下三型：

①败血型。体温突然升高到 41～42℃，精神沉郁，食欲废绝，不久就开始拉稀。起初粪便是糊状，随病情的加重逐渐转为水样，有时粪便里夹带有血，且恶臭。鼻孔、尿液中也有可能带有血，这种症状维持不到一天，体温就很快下降，病牛就有可能死亡。

②肺炎型。该型最常见。病牛的脖子、胸部发生浮肿，造成呼吸困难，皮肤发紫，舌头外翻，流泪，流涎，有痛性干咳，鼻流出无色或带血泡沫。叩诊胸部，一侧或两侧有浊音区；听诊有支气管呼吸音和啰音，或胸膜摩擦音。严重时，病牛呼吸高度困难，头颈前伸，张口伸舌，常迅速死于窒息。有些犊牛常出现便血的严重拉稀，最终也会因为虚脱而死亡。

③水肿型。病牛胸前和头部水肿，严重的可能波及腹部，触诊有硬实感，牛表现出疼痛感。舌、咽部严重肿胀，眼红肿，流泪，呼吸困难，最后也是因窒息或拉稀虚脱而死亡。如果怀孕的母牛患病，很可能发生流产、产死胎等情况。

◆鉴别诊断　本病水肿型与亚急性型炭疽、气肿疽、恶性水肿容易混淆，急性败血型与最急性型炭疽容易混淆，鉴别要点参见炭疽。

◆治疗　对急性病牛，可及时注射抗出败高免血清，大牛60～100毫升，小牛30～50毫升，一次注入，同时用青霉素、链霉素、磺胺药来联合治疗，效果很好。也可用其他抗菌药物，如环丙沙星，肌内注射量2.5～5毫克/千克体重，静脉注射量2毫克/千克体重，均为每天2次。用磺胺噻唑或磺胺二甲基嘧啶，全日量为0.1～0.2克/千克体重，分4次服用，连用3天；也可以用20%磺胺噻唑钠50～100毫升，静脉注射，连用3天。同时，还要注意对症治疗。

◆预防　平时应加强饲养管理和清洁卫生，消除疾病诱因，增强抗病能力。对病牛和疑似病牛，应严格隔离。对污染圈舍和用具用5%漂白粉或10%石灰乳消毒。发过病的地区，每年接种牛出血性败血症氢氧化铝菌苗一次，体重200千克以上的牛6毫升，小牛4毫升，皮下或肌内注射。

16. 犊牛大肠杆菌病

犊牛大肠杆菌病是由致病性大肠杆菌引起的新生犊牛急性传染病。其临床特征是排灰白色稀便（故又称犊牛白痢）或呈急性败血症症状。本病发生较为普遍，常与病毒性腹泻合并发生。

◆流行特点　本病主要危害未吃初乳的1周龄以内的新生犊牛。病畜和带菌者是本病的主要传染源，犊牛吃奶或饮食时可经消化道感染，当新生犊牛抵抗力不足（未获得初乳抗体）或发生消化障碍时，均可引起发病。母牛营养不良、运动不足致使乳汁质量不佳，牛舍不洁，气候多变等不利因素可促使发病。本病

多发生于冬季舍饲期间。

◆临床症状　本病潜伏期很短，仅几个小时。根据病犊的年龄和症状，本病有以下两种类型：

①败血型。几乎都发生于 2～3 日龄的初生犊牛，病犊表现发热，精神不振，间有拉稀，常常呈急性败血症症状，病程很短，有的没等出现任何症状就突然死亡。

②肠型。病初体温升高达 40℃，食欲减退或废绝，数小时后开始下痢。初期排出的粪便呈淡黄色粥样，有恶臭，继则呈水样、淡灰白色，混有未消化的凝乳块、凝血及泡沫，有酸败气味。病的末期，病犊因肛门松弛而自由流出粪便，污染后躯。病犊常有腹痛，用腿踢腹部，后期高度衰竭，卧地不起，有时表现痉挛。一般经 1～3 天因虚脱而死，死亡率可达 80%～100%。耐过的病犊，恢复很慢，发育迟缓，并常继发脐炎、关节炎或肺炎等病。

◆鉴别诊断

①与牛沙门氏菌病。该病以发热、下痢为主要特征，粪便带血，恶臭，胃肠黏膜和浆膜上有出血斑；病原体为沙门氏菌。

②与犊牛梭菌性肠炎。该病以排血便为特征，主要病变是小肠黏膜出血、坏死；由魏氏梭菌引起。

③与新生犊牛病毒性腹泻。该病轮状病毒感染发生于 1 周龄以内的犊牛，冠状病毒感染多见于 2～3 周龄犊牛，均以呕吐、水泻和脱水为特征。

④与牛球虫病。该病以恶臭的血痢与直肠黏膜出血和溃疡为主要表现，取肠黏膜和粪便压片检查，可见球虫卵囊。

⑤与牛冬痢。该病为冬季舍饲牛暴发的一种急性腹泻病，排水样棕色稀便或全血便，但全身症状轻微，很少死亡；病原体与空肠弯曲杆菌有关。

◆治疗　口服高锰酸钾水即可收到较好的效果，每次 4～8

克，配成0.5%的水溶液灌服，每天2～3次。或者口服磺胺脒（每次10～20克，每天2～3次）、氟哌酸（10毫克/千克体重，每天2次）等药物。下痢不止者，应口服次硝酸铋（5～10克）或活性炭（10～20克），保护肠黏膜，减少毒素吸收。同时进行静脉补液，静脉注射5%生理盐水500～1 000毫升，或在其中加入碳酸氢钠或乳酸钠等以预防酸中毒。

◆预防　犊牛出生后，于2小时内喂给初乳，保持乳房和牛舍清洁，防止新生犊牛接触粪便，是预防本病发生的主要措施。另外，有条件的，于产前给母牛接种大肠杆菌菌苗，以提高初乳中特异抗体的含量，可收到较好的预防效果。

17. 牛沙门氏菌病

牛沙门氏菌病又叫牛副伤寒，是由沙门氏细菌所引起的一种传染病。临诊上多表现为败血症和肠炎，可使怀孕母牛发生流产。

◆流行特点　本病主要侵害10～40日龄的犊牛。犊牛通常是由于采食了病牛、带菌牛粪尿污染的饲料、饮水等而感染发病，带菌母牛有时还可通过乳汁排出病菌。未喂初乳、乳汁不良、断奶过早、寒冷潮湿、寄生虫侵袭等因素可促使本病发生。一年四季均可发生，犊牛往往呈流行性发病，成年牛呈散发。

◆临床症状　体温可高达40～41℃，食欲废绝，排出灰黄色液状粪便，混有黏液、血液，具有恶臭味。通常于发病后5～7天因脱水而死亡，死亡率可达50%。未死者可能发生关节肿或支气管肺炎。

成年牛症状多不明显或取隐性经过，少数表现严重下痢，粪便带血，剧烈腹痛，并可很快死亡。孕牛流产。即使症状消失，

仍可随粪便排菌，污染外界，造成新的传染。

◆鉴别诊断　球虫、大肠杆菌也可引起犊牛重剧腹泻，应注意区别。鉴别要点见犊牛大肠杆菌病。

◆治疗　口服复方新诺明，70 毫克/千克体重，首次量加倍，每天 2 次；磺胺类（磺胺嘧啶和磺胺二甲基嘧啶）药物也有效。沙门氏菌易产生抗药性，如用一种药物无效时，可换用另一种。下痢较重时，应对症治疗，及时输液，以防脱水。

◆预防　主要是加强对犊牛和母牛的饲养管理，保持卫生，减少诱病因素。发生本病后除隔离治疗病牛外，对其他牛应取其直肠拭子或阴道拭子，进行沙门氏菌检查，及时检出带菌牛，并予以淘汰。死亡牛应深埋或烧毁，同时对圈舍、用具彻底消毒。也可试用牛副伤寒氢氧化铝菌苗进行预防接种。

18. 结核病

结核病是人兽共患的慢性传染病。特征是病程缓慢，渐进性消瘦、咳嗽、衰竭，并在多种组织器官形成结核结节，继而结节中心干酪样坏死或钙化。

◆流行特点　几乎所有的畜禽都可以发生结核病，其中以奶牛的易感性最高。开放型的病畜是主要的传染源。结核杆菌随鼻液、痰液、粪便和乳汁等排出体外，污染饲料、饮水、空气等周围环境。成年牛多因与病牛、病人直接接触而感染，犊牛多因喝了病牛奶而感染。

◆临床症状　潜伏期长短不一，短者十几天，长者数月甚至数年。根据侵害部位的不同，本病分为以下几型：

①肺结核。以长期顽固的干咳为特点，且以清晨最明显。食欲正常，容易疲劳，逐渐消瘦。病情严重者，可见气喘，呼吸困

难，有的病牛体表淋巴结肿大。

②乳房结核。一般先是乳房上淋巴结肿大，继而后两乳区患病，以发生局限性的或弥漫性的硬结为特点，硬结无热无痛，表面高低不平。泌乳量降低，乳汁变稀，严重时乳腺萎缩，两侧乳房变得不对称，泌乳停止。

③肠结核。多见于犊牛，以消瘦和持续性下痢，或便秘下痢交替出现为特点。粪便带血或带脓汁，味腥臭。

此外，结核杆菌还可以侵害其他器官，发生睾丸结核、子宫结核、淋巴结结核、浆膜结核和脑结核等。

◆鉴别诊断　牛肺结核与慢性牛肺疫都有短咳和消瘦等症状，两病容易混淆，但慢性牛肺疫对结核菌素试验呈阴性反应，肺脏断面无结核结节，而呈大理石样病变。

牛肠结核与牛副结核、慢性牛黏膜病，牛淋巴结核与地方流行性牛白血病症状相似，也应注意鉴别。

◆防治措施　牛结核病流行面广，无菌苗可供接种，防治本病主要依靠检疫隔离和卫生消毒。对从未发生过结核的健康牛群，每年春秋用结核菌素各检疫一次。补充牛时，应就地严格检疫。发现病牛，立即对全牛群进行检疫。扑杀有明显症状的开放性病牛，内脏销毁或深埋。对结核菌素呈阳性反应的牛，以淘汰为宜。要加强消毒，每年进行 2 ~ 4 次全面大消毒，饲养用具每月消毒一次。结核病人不得饲养、管理牛群。

19. 牛布氏杆菌病

牛布氏杆菌病是人兽共患的慢性传染病。主要侵害生殖系统，以母牛发生流产、不孕和胎膜发炎，公牛发生睾丸炎和不育为特征，故又称传染性流产。本病分布较广，严重损害人畜的

健康。

◆流行特点　牛对本病有易感性，病牛是主要传染源，病菌随病母牛的阴道分泌物、乳汁和病公牛的精液排出，特别是流产的胎儿、胎盘和羊水内含有大量的病菌，易感牛采食了污染的饲料、饮水，接触了污染的用具，或者与病牛交配，就可得布氏杆菌病。在新发病牛群，流产可发生于不同的胎次；在常发病牛群，流产多发生于初次妊娠牛。

◆临床症状　潜伏期2周到6个月，病牛多为隐性感染。妊娠母牛的主要表现是流产，流产多发生于妊娠5～8个月，流产后多数伴发胎衣不下或子宫内膜炎，流产胎儿可能是死胎、弱犊。有的病愈后长期排菌，可成为再次流产的原因。有的经久不愈，屡配不孕，终被淘汰。

公牛可发生睾丸炎和附睾炎，并失去配种能力。有的病牛发生关节炎、滑液囊炎、淋巴结炎或脓肿。

◆鉴别诊断　暴力因素、营养不良和中毒也可造成流产，根据病史和病变可以区别开。毛滴虫和弯杆菌病引起的流产，需经实验室检查鉴别。

◆治疗　目前还没有特效药物对该病进行治疗，主要在于预防。

◆预防　要做到保护健康牛群，提高抵抗力，在有该病的牛场采取坚决的灭病措施。每年要对所有的牛至少进行一次检查，如果有阳性的，就一定要处理掉。如果一定要引进其他地方的牛，就必须严格做好检查工作。要将牛单独养两个月，同时进行布氏杆菌病的检查，一个月一次，经两次检查健康的牛才可以混到牛群中一起饲养。预防该病的最好办法就是使用疫苗，如S2（猪型2号疫苗）、M5（羊型5号疫苗）、S_{19}疫苗，在我国都是很有效果的，但泌乳牛禁止使用疫苗免疫。此外，要做好消毒工作，切断传播途径。该病容易传染给人，所以饲养者、兽医专业人员和屠宰人员都应该注意防护。

20. 李氏杆菌病

李氏杆菌病是一种人兽共患的散发性传染病。患此病的成年牛常表现运动失调、肌肉震颤等脑膜炎症状，犊牛表现败血症和局限性肝坏死，妊娠母牛发生流产。

◆流行特点　各种家畜、家禽都可发病。牛的发病率低，但是死亡率却很高。病畜和带菌动物排出病菌，污染周围环境。此外，该菌还可在青贮饲料中增殖，当牛采食了这种含有大量病菌的青贮饲料时即可感染发病，也可通过呼吸道、眼结膜和破损的皮肤感染。本病主要发生于寒冷季节。

◆临床症状　潜伏期为 2 ~ 3 周，有的可能只有几天，也有的可以长达两个月。病牛体温会升高 1 ~ 2℃，不久降至常温。成年牛主要表现为神经症状，头颈因一侧性麻痹而偏向一侧，并沿该方向做圆圈运动，遇到障碍以头抵撞；有时吞咽肌麻痹而大量流涎；最后卧地不起，强行翻身又迅速翻转过来。妊娠母牛常流产。犊牛常伴发败血症，血液单核细胞明显增多。

◆防治措施　早期大剂量地应用抗生素，青霉素按 44 000 单位/千克体重，链霉素按 15 毫克/千克体重或磺胺嘧啶钠 50 ~ 100 毫升，肌内注射，每日 2 次。或盐酸土霉素按 10 ~ 20 毫克/千克体重，静脉或皮下注射，每日 2 次。但病牛出现神经症状时，则难以奏效。平时注意杀虫灭鼠，不喂变质青贮饲料。发现病牛或其他发病畜禽应立即隔离、消毒。

21. 牛副结核

副结核病又名副结核性肠炎，是主要发生于牛的一种慢性传染病。其特征是肠壁增厚形成皱褶，顽固性腹泻，逐渐消瘦。

◆流行特点　牛（特别是奶牛）最为易感。本病主要经消化道传染，犊牛和青年牛较易感染，到成年时才出现症状，呈地方流行性。患病后，病的发展非常缓慢，发病率不高，病死率极高。

◆临床症状　潜伏期数月至2年以上。病牛初期间断性腹泻，以后逐渐变为顽固性腹泻，粪便稀薄，常呈喷射状，恶臭，带有气泡。病牛逐渐消瘦，后躯尖削，贫血，胸垂、腹下和乳房水肿。直肠检查时，可触摸到肥厚的小肠管。一般经过3～4个月衰竭死亡，体温常无变化。

◆鉴别诊断

①与牛肠结核。该病对牛型结核菌素试验呈阳性反应，小肠壁不增厚，却有结核结节。

②与慢性型黏膜病。该病除持续性或间歇性腹泻之外，口腔黏膜反复发生坏死和溃疡。

◆防治措施　本病尚无特效的治疗药物。平时着重严格检疫，防止引进病牛或带菌牛。对有临床症状或细菌学检查阳性的牛应及时扑杀处理。应加强环境、牛舍和用具的消毒，切断传播途径，粪便应堆积高温发酵后用作肥料。

22. 牛弯杆菌性流产

牛弯杆菌性流产是牛的一种生殖道传染病，以子宫内膜炎、输卵管炎、流产和不育为特征。

◆流行特点　成年母牛容易感染本病。胎儿弯杆菌存在于病牛和带菌牛的生殖道、流产胎盘和胎儿组织中，因此，自然交配或以污染的精液人工授精即可传播。也可通过采食肠道弯杆菌污染的饲料、饮水等感染。

◆临床症状　主要是暂时性不孕、流产和发情不规则。许多牛需要交配或授精几次才能受孕。流产多见于妊娠后5~7个月，流产前无特殊征候，流产后胎衣往往滞留，流产率5%~10%。公牛感染后一般无明显症状，精液也正常，但是带菌。

◆鉴别诊断　本病在临床上与牛胎毛滴虫病相似，但毛滴虫引起的流产仅发生在妊娠后第5个月之前，并发生子宫积脓，阴道分泌物中含有毛滴虫。此外，还应注意与布氏杆菌、钩端螺旋体、黏膜病病毒等引起的流产相区别。

◆防治措施　牛群暴发本病时，所有牛暂停配种3个月。流产母牛可按子宫炎进行常规处理，向子宫内投入链霉素和土霉素等，连续投5天。淘汰带菌公牛、实行人工授精或选用健康公牛配种是控制本病的关键措施。

23. 牛冬痢

牛冬痢又称牛黑痢，是牛的一种季节性和暴发性强的急性肠道传染病。临床以排棕色稀便和出血性下痢为特征。

◆流行特点　本病具有高度接触传染性，大小牛均可发病，但成年牛的病情较重。病牛和带菌牛随粪便排菌，牛采食了病菌污染的饲料、饮水即可感染发病。气候恶劣和管理不良可诱发本病。本病的发生有明显的季节性，主要发生在冬季，发病率很高，但几乎无死亡。

◆临床症状　潜伏期3~7天，呈暴发性，发病急，传播快，发病率高。病牛排出腥臭的水样棕色稀便，混有血液，有的粪便几乎全是血液和血凝块。排粪呈喷射状，拉血的牛占20%左右。病情严重时，精神委顿，虚弱无力，呈现脱水症状，产奶量急剧下降。

◆鉴别诊断　应注意与大肠杆菌、沙门氏菌、病毒和球虫引起的腹泻相区别，鉴别要点参照犊牛大肠杆菌病。

◆治疗　迄今为止尚无特异疗法。为消除肠道炎症，可用痢特灵2克和磺胺脒、碳酸氢钠各50克，一次服用。松节油和克辽林的等量混合剂，每次25~50毫升，1天2次，一般口服2次即可痊愈。对病情严重者，应及时补液。

◆预防　采取综合性防疫措施。加强防疫消毒制度，做好防寒保温工作。避免牛摄食被病菌污染的饲料和饮水。对病牛隔离治疗，及时清除粪便、垫草和垫料。

24. 牛传染性角膜结膜炎

牛传染性角膜结膜炎又叫红眼病，是牛的一种急性接触性传染病。其特征为眼结膜和角膜发生明显的炎症，伴有大量流泪，随后发生角膜混浊或溃疡。

◆流行特点　各种年龄的牛都可感染，但犊牛比成年牛更易感。流行季节以天气炎热、湿度较大的夏秋季节为多。一般是在引进病牛或带菌牛后，通过头部相互摩擦而传播，蝇类和飞蛾可传播本病。一旦发生，传播迅速，多呈地方性流行，青年牛群发病率可高达60%～90%。

◆临床症状　潜伏期3～7天。常呈一侧性，也有部分为两侧性。初期病牛怕光，流泪，以后转为黏液脓性分泌物。眼睑红、肿、痛，眼不能张开。不少病例2～3天后角膜混浊，或在角膜上形成白色或灰色小点。严重时角膜增厚，并形成溃疡。病牛一般没有全身症状，间有体温稍高和精神委靡。部分病牛引起角膜翳、白斑。病程为15～20天，多数病牛可自然康复，但往往失明。

◆鉴别诊断　本病眼的临床变化及传染迅速，一般就可以作为诊断依据。此外，传染性鼻气管炎和恶性卡他热的病程中，也可出现与本病相似的眼部症状，但它们都有本身特有的其他症状，应注意区分。

◆防治措施　病牛立即隔离，早期治疗。可先用2%～4%硼酸水洗眼，再涂以金霉素眼膏，每日2～3次。还可用2%可的松软膏涂病眼。如果病牛的角膜有混浊现象，可涂1%～2%黄降汞软膏。同时应进行杀虫、灭蝇，以控制本病的传播。

25. 牛放线菌病

牛放线菌病又叫大颌病，是一种慢性、化脓性、肉芽肿性传染病。特征是在头、颈、下颌和舌上发生肿大。

◆流行特点　本病主要侵害2～5岁的小牛，尤其在换牙的时候。本病的病原体寄生于口腔、上呼吸道中，也存在于污染的土壤、饲料和饮水中。当换牙或采食粗糙带刺的饲料时，常使口腔黏膜破损而感染。

◆临床症状　本病经常侵害颌骨以及唇、舌、咽、齿龈、头颈部的皮肤和皮下组织。病菌侵害之处，都发生硬固的、界限明显的、无热无痛或硬结的放线菌肿。侵害软组织时，多见于颌下、头、颈等部位；侵害舌肌时，舌组织肿胀变硬，触压如木板，故又称木舌病。放线菌肿逐渐增大，影响呼吸、咀嚼和吞咽，还可穿透皮肤排脓，形成瘘管，经久不愈。乳房患病时，呈弥散性肿大或有局灶性硬结，影响泌乳。

◆治疗　骨放线菌病由于骨质改变，既不能截除，又不能自然吸收，往往转归不良。软组织放线菌病经过较长时间的治疗，可治愈。硬结较大时，可用外科手术切除，创口内撒布等量混合的碘仿和磺胺粉，然后缝合，创口周围注射10%碘仿醚或2%鲁戈氏液。同时口服碘化钾，成年牛每天5～10克，犊牛每天2～4克，连用2～4周。重症者，可静脉注射10%碘化钠，每天50～100毫升，隔日1次，共3～5次。硬结小者可直接在硬结周围注射青霉素和链霉素，同时应用碘化钾进行全身治疗，效果显著。

◆预防　最好于饲喂前将干草等尖锐饲料浸软，避免刺伤口黏膜。防止皮肤、黏膜发生外伤，有伤口时及时处理。

26. 钩端螺旋体病

钩端螺旋体病是一种重要的人兽共患病。牛感染后，一般不显症状而呈隐性感染，只少数牛发病。临床特征为短期发热、黄疸、尿血、出血、流产、消化障碍以及皮肤和黏膜坏死。长江以南地区多发。

◆流行特点　各种家畜和野生哺乳动物均可感染，但以犊牛发病率较高。病畜和带菌动物随尿排出病原体，污染周围的水源和土壤，经过损伤的皮肤、黏膜及消化道而传播给其他动物。鼠类分布广，繁殖快，带菌率高，排菌时间长（甚至终生），而在本病的传播上具有重要作用。本病多发于7—10月，当饲喂不合理，管理混乱或其他疾病使牛抵抗力下降时，常引发本病的暴发和流行。

◆临床症状　潜伏期3~7天，本病可分为急性型和亚急性型。

①急性型。多见于犊牛，突然高热，黏膜发黄，尿色很暗，常见皮肤干裂、坏死和溃疡，常于发病后3~7天内死亡。

②亚急性型。常见于奶牛，体温有不同程度升高，精神沉郁，饮食和反刍停止，黄疸。奶牛乳房松软，产奶量显著下降或停乳。乳汁初黄后红，常混有小血块。流产是本病的重要症状之一，胎儿流产发生在怀孕后的3个月以上。

◆鉴别诊断

①与牛梨形虫病。该病血液化验可在红细胞内见到梨子形的虫体，抗生素治疗无效。

②与牛伊氏锥虫病。取血液涂片检查，可发现柳叶状的虫体，抗生素治疗无效。

③与牛无浆体病。为蜱媒传染病，在红细胞内可发现球形或卵圆形的无浆体。

④与产后血红蛋白尿。为内科病，见于高产奶牛产犊后，无血乳。

◆治疗　链霉素和土霉素等均有效。链霉素每千克体重25~30毫克，肌内注射，每天2次，或土霉素15~30毫克/千克体重，肌内注射，每天1次，均连用3~5天。对可疑感染的牛，可在饲料中混入土霉素（每千克饲料加0.75~1.5克），连喂7天。

◆预防　主要是消灭鼠类并破坏它们的繁殖条件，杜绝传染

源；被病牛粪尿污染的场地和水源，应用漂白粉或2%氢氧化钠溶液消毒。在本病常发地区，可应用含有当地流行菌型的钩端螺旋体多价灭活菌苗预防接种，肌内注射2次，间隔1周，用量10~15毫升，免疫期约1年。

二、内科病

1. 口炎

口炎是指口腔发生炎症，主要是口腔的黏膜、齿龈和舌部发生的炎症。临床上以流涎及采食、咀嚼障碍为特征。

◆发病原因

①采食了粗硬的草料或料中有坚硬的杂物。

②牛的牙齿磨灭不整。

③误食了有刺激性的物质。

④人为灌药时造成口腔损伤。

◆临床诊断　病牛采食小心或拒绝采食，咀嚼和反刍弛缓，有时会出现刚采食的草料从嘴中吐出，大量流涎。口腔黏膜潮红充血，肿胀，口温升高，较严重者会出现黏膜表层脱落或溃疡，舌面有舌苔，口臭。损伤严重时能发现创伤、水疱、烂斑、溃疡等病变。

◆治疗　治疗原则是除去病因，加强护理，口腔消炎。

①口炎时，用0.1%高锰酸钾溶液、2%硼酸溶液或1%食盐溶液冲洗。

②不断流涎时，用1%明矾或1%鞣酸溶液冲洗口腔。

③口腔黏膜或舌面发生烂斑或溃疡时，洗口后还可用碘甘油（5%碘酊1份、甘油9份）或2%硼酸甘油、1%磺胺甘油涂于患部，并肌内注射维生素 B_2 和维生素 C。

④严重口炎时，除进行口腔的局部处理外，还应全身使用抗菌类药物如磺胺类药物或喹诺酮类药物等，以防止继发感染。

◆预防　主要注意饲料卫生，防止坚硬的异物混入，避免有刺激性的药物直接口服，应用胃导管灌服，正确使用开口器，定期检查口腔，及时修整病齿。

2. 食管梗塞

食管梗塞俗称“草噎”，是食管被食物或异物阻塞的一种严重食管疾病。

◆发病原因　主要是饿后贪食，采食过急，没有咀嚼而吞下大块食物，如萝卜、马铃薯、甜菜、玉米棒等块状饲料，或继发于食管狭窄、麻痹、痉挛等。

◆临床诊断　病牛突然停止采食，骚动不安，摇头缩颈，屡做吞咽动作。大量流涎，空嚼咳嗽，采食的食物和水从鼻腔逆出。颈部食管梗塞，视诊可见膨大部，触诊可摸到梗塞物。胸部食管梗塞，在梗塞物上方食管内积满唾液，触诊颈部食管能感到波动并引起哽噎运动。食管探诊时，胃管插至梗塞部即不能继续插入。瘤胃臌胀及流涎是其特征性症状。

◆治疗　治疗原则是解除梗塞，疏通食管，消除炎症，加强护理和预防并发症的发生。咽后食管起始部梗塞时，在装上开口器后，可徒手取出梗塞物。颈部与胸部食管梗塞时，应根据梗塞物的性状及其梗塞的程度，采取相应的治疗措施。

为缓解疼痛及痉挛，可用5%水合氯醛乙醇注射液200～300毫升，静脉注射；或静松灵3毫升，肌内注射。

常用排除食管梗塞物的方法有挤压法、下送法、打气法等。

①挤压法。采食胡萝卜等块根、块茎饲料而梗塞于颈部食管时，将病牛横卧保定，用平板或砖垫在食管梗塞部位；然后以手掌抵于梗塞物下端，朝咽部方向挤压，将梗塞物挤压到口腔，即

可排除。若为谷物与糠麸引起的颈部食管梗塞，将病牛站立保定，用双手手指从左右两侧挤压梗塞物，将梗塞物压碎，促进梗塞物软化，使其自行咽下。

②下送法。又称疏导法，即将胃管插入食管内抵住梗塞物，缓慢把梗塞物推入胃中。主要用于胸部食管梗塞和腹部食管梗塞。

③打气法。应用下送法经 1～2 小时后不见效时，可先插入胃管，装上胶皮球，吸出食管内的唾液和食糜，灌入少量植物油或温水。将病牛保定好后，把打气管接在胃管上，颈部勒上绳子以防气体回流，然后适量打气，并趁势推动胃管，将梗塞物推入胃内。但不能打气过多和推送过猛，以免食管破裂。

④打水法。当梗塞物是颗粒状或粉状饲料时，可插入胃管，用清水反复泵吸或虹吸，以便把梗塞物溶化、洗出，或者将梗塞物冲下。

⑤药物疗法。先向食管内灌入植物油或液体石蜡 100～200 毫升，然后皮下注射 3% 盐酸毛果芸香碱 3 毫升，促进食管肌肉收缩和分泌，经 3～4 小时奏效。

⑥手术疗法。当采取上述方法不见效时，应施行手术疗法。颈部食管梗塞，采用食管切开术。胸部食管梗塞时可施行瘤胃切开术，通过贲门将梗塞物排除。

排除梗塞物后要加强护理。暂停饲喂饲料和饮水，以免误咽而引起异物性肺炎。当继发瘤胃臌气时，应及时施行瘤胃穿刺放气，并向瘤胃内注入防腐消毒剂。病程较长者，应注意消炎、强心、输糖补液，维持机体营养，增进治疗效果。排除梗塞物后 1～3 天内，应使用抗菌药物防治食管炎，并给予流质饲料或柔软易消化的饲料。

◆预防　饲喂要定时定量，勿使牛饥饿，防止其采食过急；合理调制饲料，如豆饼要泡软，块根类饲料要适当切碎等；在块

根类农作物收获季节，使役的牛应戴上口网，以防偷吃。

3. 前胃弛缓

前胃弛缓是指前胃机能发生紊乱，平滑肌兴奋性降低，收缩无力，引起消化障碍，食欲、反刍减退，乃至全身机能紊乱的一种综合征。

◆发病原因　长期饲喂粗硬劣质、难以消化的饲料，饲喂缺乏刺激性的饲料，或精料过多，霉变饲料，或突然变换草料等，均可引起本病的发生。在创伤性网胃炎、瓣胃阻塞、皱胃变位、各种传染病及酮病等疾病的经过中，也常继发前胃弛缓。

◆临床诊断　病牛精神沉郁，食欲减退或废绝，鼻镜干燥，反刍、嗳气减少或停止。瘤胃蠕动音减弱，蠕动次数减少，瘤胃内容物充满，有轻度或中度臌胀，粪便干燥，有时表现为下痢。

◆治疗　治疗原则是治疗原发病，除去病因，加强瘤胃兴奋性，促进胃肠排空，防止脱水和自体中毒。

①用促反刍液 500 毫升，一次静脉注射，并肌内注射维生素 B_1 100～500 毫克/次，每天一次，连用 3 天。

②用硫酸镁 500 克，松节油 30～40 毫升，酒精 80～100 毫升，温水 4～5 升，一次口服。

③用新斯的明 4～20 毫克/次，皮下注射，或比塞可灵 0.05～0.08 毫克/千克体重，孕牛禁用。

④病牛停止进食时，可静脉注射 25% 葡萄糖液 500～1 000 毫升，每天 1～2 次；继发胃肠炎时，可口服黄连素 1～2 克，每大 3 次；发生酸中毒时，可静脉注射 5% 碳酸氢钠液 1 000～2 000毫升。

◆预防　注意改善饲养管理，合理调配饲料，不喂霉败、冰冻等质量不良的饲料，防止突然变换饲料。注意适当运动，合理使役。

4. 瘤胃积食

瘤胃积食又称急性瘤胃扩张或瘤胃食滞，是反刍动物贪食大量难以消化或易膨胀的饲料引起瘤胃扩张，容积过度增大，造成瘤胃运动机能紊乱的疾病。临床特征是瘤胃体积增大且较坚硬。

◆发病原因　主要是由于饲养不当，采食大量粗硬劣质难消化的饲料，如麦草、豆秸、玉米秸、花生蔓、甘薯藤等，或采食大量适口易膨胀的饲料等所致。

◆临床诊断　病牛没有食欲，反刍停止。轻度腹痛，背腰拱起，后肢踢腹。左侧下腹部膨大，左肷窝部平坦。触诊瘤胃，病牛疼痛不安，瘤胃内容物黏硬或坚硬，用力按压后可形成压痕(呈面团状)。听诊瘤胃蠕动音减弱或消失。

◆治疗　治疗原则是恢复前胃运动机能，促进瘤胃内容物的运转，消食化积、制止发酵，防止脱水和自体中毒。

①口服泻剂，可用硫酸镁或硫酸钠300～500克，液体石蜡或植物油500～1 000毫升，鱼石脂15～20克，95%酒精50～100毫升，常水6～10升，一次内服。

②应用泻剂后，可皮下注射毛果芸香碱、新斯的明或促反刍液等，以兴奋前胃神经，促进瘤胃内容物运转与排空。

③应用泻剂后应注意及时补液，可用5%葡萄糖生理盐水2 000～3 000毫升，5%碳酸氢钠液500～1 000毫升，20%安钠咖注射液10毫升，维生素C 0.5～1克，静脉注射，每天2次。

④对重症而顽固的瘤胃积食，应用药物不见效果时，可行瘤胃切开术，取出瘤胃内容物。

◆预防　加强饲养管理，避免突然更换饲料或过食。

5. 瘤胃臌胀

瘤胃臌胀又称瘤胃臌气，是牛采食了大量易发酵产气的饲料，引起瘤胃急剧膨胀，膈与胸腔脏器受到压迫，呼吸与血液循环障碍，并发生窒息现象的一种疾病。临床上以呼吸极度困难，反刍、嗳气障碍，腹围急剧增大等为主要特征。

◆发病原因　主要发生于夏季放牧的牛。采食大量易发酵产气的牧草，如青苜蓿、紫云英、豌豆藤、三叶草等牧草或青草，或采食大量雨季潮湿的青草、霜冻的牧草及腐败发酵的青贮饲料等，均能引起本病。其次在食管梗塞、前胃弛缓、创伤性网胃炎等病经过中，也常继发瘤胃臌胀。

◆临床诊断　急性瘤胃臌胀一般在采食后不久发病，瘤胃充满大量气体，腹围增大，左肷窝消失，并且高于背脊。触诊左肷窝紧张有弹性，叩诊呈鼓音。病牛腹痛不安，回头看腹，后肢踢腹。呼吸困难，张口伸舌，眼结膜发绀，心跳增速，严重者很快死亡。慢性瘤胃臌胀常是继发的，一般表现食欲废绝，反刍减少或停止，瘤胃内充满气体，腹围增大，左肷窝稍突出。病牛精神沉郁，呼吸困难，眼结膜发绀。

◆治疗　治疗原则是及时排出气体，制止瘤胃内容物继续发酵，理气消胀，健胃消导，强心补液，适时急救。

①对症状严重的病例，要立即用套管针在左肷窝部进行瘤胃穿刺放气急救。放气时应缓慢进行，以免放气速度过快发生脑贫血而昏迷。放气后，可从套管内注入来苏儿 15～20 毫升或福尔马林 10～15 毫升，加水适量，以制止继续发酵产气。

②对症状较轻的病例，可把病牛牵到斜坡上，使病牛取前高

后低姿势，同时将涂有松馏油或菜油的小木棒横衔于口中，用绳拴在嘴角上固定，使牛不断咀嚼，促进嗳气。

③对于泡沫性瘤胃臌胀，则灌服液体石蜡 250～500 毫升，或 2% 二甲基硅油溶液 100～150 毫升，或松节油 60 毫升。

④为了促进瘤胃蠕动，可肌内注射新斯的明 10～20 毫克或比塞可灵等，或静脉注射促反刍液 500 毫升。

◆预防　加强饲养管理，防止贪食过多幼嫩多汁的豆科牧草，尤其由舍饲转为放牧时，应先喂些干草或粗饲料，适当限制在牧草幼嫩茂盛的牧地和霜露浸湿的牧地上的放牧时间。舍饲牛应避免饲喂用磨细的谷物制作的饲料。

6. 创伤性网胃炎

创伤性网胃炎又称金属器具病或创伤性消化不良，是由于金属异物（如针、钉、碎铁丝）混杂在饲料里，被牛误食进入网胃，导致网胃和腹膜损伤及炎症的疾病。

◆发病原因　饲养人员不具备饲养管理常识，饲料加工粗放，饲养粗心大意，对饲料中金属异物的检查和处理不细致，导致牛误食混入饲料中的金属异物，进入网胃后，刺伤、穿透网胃壁，从而发生网胃炎，甚至损伤其他脏器，从而引起炎症。

◆临床诊断　病牛呈现顽固性的前胃弛缓症状。精神沉郁，食欲减退或废绝，反刍缓慢或停止，鼻镜干燥，磨牙呻吟。瘤胃蠕动减弱或消失，瘤胃内容物松软或黏硬。病程绵延，久治不愈。病牛的行动和姿势异常，站立时，肘外展，多取前高后低姿势；运步时，步样强拘，不愿上坡、跨沟或急转弯；卧地时，表现非常小心；起立时，多先起前肢（正常情况下是先起后肢）。网胃区触诊，疼痛不安，抗拒检查。体温升高，一般在 39.5～41℃。

◆治疗　治疗原则是及时摘除异物，抗菌消炎，加速创伤愈合。

①早期手术，摘除异物。根据牛的经济价值，可考虑实施瘤胃切开术，从瘤胃将网胃内的金属异物取出。但创伤性网胃炎经常伴发创伤性心包炎，由心包取出异物一般效果还不够理想。

②保守疗法。可让病牛安静休息，保持前高后低的姿势站立，同时大剂量应用抗生素（如青霉素和链霉素合用等）或磺胺类药物，以控制炎症的发展。也可用特制磁铁经口投入网胃中，吸取胃中金属异物，同时应用青霉素和链霉素进行肌内注射。

◆预防　在牛槽上增设清除金属异物的电磁装置或磁铁棒，饲喂前先除去饲料、饲草中的异物；投服磁铁笼也是预防本病的手段，还可定期应用金属异物摘除器，吸除网胃内金属异物，以防止本病的发生。

7. 瓣胃阻塞

瓣胃阻塞又称为瓣胃秘结，中兽医叫“百叶干”，是由于瓣胃的收缩力减弱，大量内容物在瓣胃内滞留，使瓣胃扩张、坚硬、疼痛，从而发生阻塞的一种疾病。

◆发病原因　长期饲喂刺激性小或缺乏刺激性的饲料，如谷糠、麸皮等；长期过多地饲喂粗硬难消化的饲料，如豆秸、竹梢、甘薯藤、花生蔓等；采食混有大量沙土的饲料等，均可引起本病的发生。此外，皱胃疾病、瘤胃疾病、发热性疾病，饮水不足可继发本病。

◆临床诊断　病初呈现前胃弛缓症状，食欲减退，反刍缓慢，鼻镜干燥，瘤胃蠕动音减弱。以后反刍停止，鼻镜干裂，瘤胃蠕动停止，有的伴发瘤胃臌胀，粪便少而干，呈算盘珠样。瓣胃触诊，病牛疼痛不安，抗拒触压。后期机体脱水，出现衰竭症状，卧地不起。如果出现扩张，则在右侧最后肋骨后缘可触到大圆球状的瓣胃。

◆治疗　治疗原则是增强前胃运动机能，软化瓣胃内容物，促进瓣胃内容物的排除。

①病情轻者，可口服泻剂和促进前胃蠕动的药物。如硫酸镁或硫酸钠500～800克，常水5～8升，或液状石蜡（或植物油）1～2升，一次口服。用10%氯化钠液300～500毫升，10%氯化钙液100～200毫升，20%安钠咖液10～20毫升，一次静脉注射。同时可皮下注射毛果芸香碱0.02～0.05克或新斯的明0.01～0.02克等药物。

②重症者，可进行瓣胃注射。用10%硫酸钠溶液2 000～3 000毫升，液体石蜡（或甘油）300～500毫升，盐酸普鲁卡因2克，盐酸土霉素3～5克，一次瓣胃内注入。注射部位在右侧第9肋间与肩关节水平线相交点，略向下方刺入10～20厘米，为了判断针头是否刺入瓣胃内，可先注入少量注射用水，如能抽出少量混有草料碎渣的液体，表示针头已进入瓣胃内，方可注射药物。

③防止脱水和自体中毒，可应用撒乌安注射液100～200毫升，或樟脑酒精注射液200～300毫升，静脉注射，同时尚须注意及时输糖补液，缓和病情。

④对于严重的病例，依据临床实践，在确诊后实施瘤胃切开术，用胃管插入网—瓣孔，冲洗瓣胃，效果好。

◆预防　正确饲养，减少粗硬饲料，增加青饲料和多汁饲料，防止长期单纯饲喂麸皮、谷糠类饲料，保证饮水，适当运动。发生前胃弛缓时，应及早治疗，以防止发生本病。

8. 皱胃变位

皱胃的自然位置发生了改变，称为皱胃变位。该病是奶牛常见的一种皱胃疾病，按其变位的方向分为左方变位和右方变位两种。在临床上，绝大多数病例是左方变位。皱胃变位发病高峰在分娩后 6 周内，也有少数发生于泌乳期和怀孕期，成年高产奶牛的发病率高于低产牛。

◆发病原因　皱胃变位的确切病因目前仍然不清楚。

◆临床诊断

①左方变位。皱胃通过瘤胃下方移到左侧腹腔，置于瘤胃与左腹壁之间。病初呈现前胃弛缓症状，食欲减退，厌食精料，反刍减少或停止，瘤胃蠕动音减弱或消失，有的呈现腹痛和瘤胃臌胀，排粪迟滞或腹泻。

随着病程的进展，病牛腹围缩小，两侧肷窝部塌陷，左侧肋部后下方、左肷窝的前下方显现局限性凸起。听诊左侧腹壁，在第 9 ~ 12 肋骨弓下缘、肩—膝水平线上下可听到皱胃音，似流水音或滴答音（玎玲音）。用听—叩诊结合方法，即用手指叩击，同时在附近的腹壁上听诊，可听到类似铁锤叩击钢管发出的共鸣音—钢管音。钢管音区域一般出现于左侧肋弓的前后。

②右方变位。右方变位又叫皱胃扭转，是皱胃从正常位置以顺时针方向扭转到瓣胃的后上方，而置于肝脏与右腹壁之间。急性病例会突然发生腹痛，后肢踢腹，瘤胃蠕动音消失，粪便色暗，乃至黑色，糊状，混有血液。

从尾侧视诊可见右腹膨大，或右肋弓突起，进行听—叩诊结合检查，可听到较大范围的钢管音区域，向前可达第 8 肋间，向后可延伸至第 12 肋间或右肷窝。严重病例常伴发脱水、休克和碱中毒而引起死亡。

◆治疗　皱胃变位有以下几种治疗方法：

①药物疗法。药物疗法有两种。方法一为口服风油精 10 克（或薄荷油），每天 1 次，连用 2～3 天，配合应用大黄苏打片、酵母片、复合维生素 B 口服液等。方法二为静脉注射促反刍液：10% 氯化钠溶液 500～800 毫升，5% 氯化钙溶液 150～200 毫升，10% 安钠咖 30～50 毫升，需要时配合补糖、补液等。或肌内注射新斯的明 15～20 毫克，每天 1 次，连用 2～3 天。若有并发症要同时进行治疗。

②滚转疗法。饥饿数日并限制饮水，病牛右侧横卧，再转成仰卧；以背轴为轴心，先向左滚转 45 度，回到正中，然后向右滚转 45 度，再回到正中，如此左右摇晃 3～5 分钟；突然停止在右侧横卧姿势，转成俯卧，最后站立。如尚未复位，可重复进行，本法不适于皱胃右方变位。

③手术整复法。这是根治皱胃左方变位和右方变位的最有效方法。一旦确诊，应尽快手术。

◆预防　应合理配合日粮，对高产奶牛在增加精料的同时要保证有足够的粗饲料；妊娠后期应少喂精料，多喂优质干草，适量运动；产后要避免出现低血钙。对围产期疾病应及时治疗，减少或避免并发症的发生。

9. 皱胃阻塞

皱胃阻塞又称皱（真）胃积食，主要是由于迷走神经调节机能紊乱或受损，导致皱胃弛缓，内容物滞留，胃壁扩张而形成阻塞的一种疾病。本病常见于黄牛和水牛，奶牛和肉牛也时有发生。

◆发病原因　主要是由于饲料与饲养或管理不当而引起的。特别是在冬、春季节缺乏青绿饲料，用谷草、麦秸、玉米秆、稻草等经铡碎喂牛；在夏、秋季节饲喂麦糠、豆秸、甘薯藤、花生蔓等秸秆，同时添加磨碎的谷物精料，饮水不足、精神紧张和应激，常发生本病。此外由于病牛吞食异物，如吞食塑料薄膜、塑料袋、棉线团或啃舔被毛，犊牛误食破布、木屑以及啃舔被毛在胃内形成毛球等，导致皱胃异物阻塞。本病还继发于前胃弛缓、创伤性网胃炎和皱胃炎等疾病。

◆临床诊断　病初食欲、反刍减少，瘤胃蠕动音弱，尿量少，粪便干燥。随病情发展，食欲废绝，反刍停止，鼻镜干燥或干裂，腹围增大，瘤胃蠕动音消失，排出少量糊状、棕褐色，或呈煤焦油状、有恶臭味、混有少量黏液或紫黑色血丝和血凝块的粪便。重症病例，右侧中腹部至肋弓后下方呈局限性膨隆，在肋骨弓后下方的皱胃区做冲击式触诊，可感知坚硬或坚实的皱胃，类似大西瓜样的轮廓，病牛有躲闪、蹴踢等疼痛反应。病后期，精神极度沉郁，常左侧位卧地，不断呻吟，发出吭声，眼球凹陷，呈现严重脱水和自体中毒症状，多在几周后死亡。

◆治疗　治疗原则是消积化滞，防腐止酵，促进皱胃内容物排除，防止脱水和自体中毒，增进治疗效果。

①病初，可用硫酸钠 300～400 克、液体石蜡（或植物油）500～1 000 毫升、鱼石脂 20 克、酒精 50 毫升、常水 6～10 升，一次内服。皱胃注射 25% 硫酸钠溶液 500～1 000 毫升，液体石蜡 500～1 000 毫升，乳酸 8～15 毫升或皱胃注射生理盐水 1 500～2 000 毫升。注射部位为右腹部皱胃区第 12～13 肋骨后下缘。

②在病程中，可应用 10% 氯化钠 200～300 毫升，20% 安钠咖 10 毫升，静脉注射。当发生自体中毒时，可用撒乌安注射液 100～200 毫升，静脉注射。发生脱水时，应用 5% 葡萄糖生理盐水 2 000～4 000 毫升，20% 安钠咖注射液 10 毫升，40% 乌洛托

品注射液 30 ~ 40 毫升，静脉注射。此外可适当地应用抗生素或磺胺类药物，防止继发感染。

③由于皱胃阻塞多继发瓣胃秘结，药物治疗效果不好。因此，在确诊后，要及时施行瘤胃切开术，取出瘤胃内容物，然后用胃管插入网—瓣孔，通过胃管灌注温生理盐水，冲洗皱胃，达到疏通的目的。对大体型奶牛应做皱胃切开术。

◆预防　加强日常的饲养管理，按合理的日粮饲喂，特别是应注意粗饲料和精饲料的调配，饲草不能铡得过短，精料不能粉碎过细，麦糠、豆饼也不能搭配过多，以免影响消化机能。注意清除饲料中异物，防止发生创伤性网胃炎，避免损伤迷走神经。给牛充足的饮水。

10. 胃肠炎

胃肠炎是胃肠壁表层和深层组织的重剧性炎症。临床上以消化扰乱、口臭、腹痛、腹泻、发热和毒血症等为特征。胃肠炎是牛的常见多发病。

◆发病原因　主要因饲喂霉败饲料或不洁的饮水，采食了有毒植物或者有强烈刺激性或腐蚀性的化学物质，滥用抗生素造成肠道的菌群失调引起二重感染，或草料骤变、过劳、卫生条件差，气候骤变，动物机体处于应激状态等。其次继发于牛瘟、恶性卡他热、炭疽及副结核等传染病。

◆临床诊断　病牛主要症状是腹泻，粪便稀薄或呈水样，并有腥臭味，有时混有黏液、血液及脱落的坏死组织碎片等。体温升高，心跳、呼吸加快，精神沉郁，食欲减退。瘤胃蠕动音减弱或消失，肠音初期增强，以后减弱或消失。在腹泻 18 ~ 24 小时后，可见明显的脱水特征，皮肤弹性降低，眼球塌陷，眼窝深

凹，自体中毒，甚至衰竭死亡。

◆治疗　治疗原则是抑菌消炎，视情况进行缓泻与止泻，预防脱水，维护心脏功能，解除中毒，增强机体抵抗力。

①抑菌消炎。内服诺氟沙星（10 毫克/千克体重），肌内注射庆大霉素（1 500 万～3 000 万单位/千克体重），还可灌服 0.1% 高锰酸钾溶液 2 000～3 000 毫升。

②缓泻与止泻。两种措施是相反相成的，必须切实掌握好用药时机。在病牛排恶臭稀便，但排粪不通畅时，应缓泻。可用液体石蜡（或植物油）500～1 000 毫升，鱼石脂 10～30 克，95% 酒精 50 毫升，内服。当病牛粪稀如水，频泻不止，腥臭气不大时，应止泻。可用木炭末 100～200 克，常水 1 000～2 000 毫升，1 次口服；或用鞣酸蛋白 20 克，次硝酸铋 10 克，碳酸氢钠 40 克，淀粉浆 1 000 毫升，1 次口服。

③补液、解毒和强心是抢救危重胃肠炎的三项关键措施。补充液体，可用复方氯化钠液或 5% 糖盐水 3 000～4 000 毫升，静脉注射，每天 2 次。解除酸中毒，可静脉注射 5% 碳酸氢钠液 500～1 000 毫升。强心，可注射 20% 安钠咖 10～20 毫升。

◆预防　加强饲养管理，不用霉败饲料喂牛，不让牛采食有毒物质和有刺激性、腐蚀性的化学物质，防止各种应激因素的刺激，搞好牛的定期预防接种和驱虫工作。

11. 肠便秘

肠便秘是由于肠蠕动弛缓，肠内容物或粪便积滞所造成的一种机械性肠阻塞。

◆发病原因　饲喂大量粗纤维饲料如麦秸、玉米秸、豆秸、甘薯藤、花生蔓等，特别是当其受潮、发霉而变得柔韧，导致切铡不够碎时，牛不易嚼细，难以消化，更易发病。此外，突然改变日粮、食盐不足、气候突变、饮水缺乏、运动不足等，也可诱发本病。

◆临床诊断　病牛初期表现为轻微腹痛，持续性较强。站立不安，两后肢交替踏地，或后肢踢腹，拱腰努责，翘尾，呈排粪姿势，回头看腹部。腹痛加剧时，卧地不起。随着病程延长，腹痛逐渐消失，病牛精神沉郁，食欲减退或不食，反刍减少，口干舌燥，鼻镜干燥，肠音减弱，无粪便排出。直肠检查可见直肠内无粪便，只有一些胶冻样黏液。后期出现脱水，眼窝凹陷，卧地不起，因脱水、心力衰竭和自体中毒而死亡。

◆治疗

①灌服石蜡油（或植物油）1 000 毫升；或硫酸镁（或硫酸钠）500 ~ 800 克，加温水 5 升，一次内服。

②皮下注射毛果芸香碱 50 ~ 100 毫克，或新斯的明 30 ~ 60 毫克。

③病牛脱水时，可用复方氯化钠液 2 000 毫升，5% 糖盐水 2 000毫升，加入 1% 氯化钾溶液 100 ~ 200 毫升，静脉注射，每天 1 ~ 2 次。

当病情严重而药物治疗无效时，应抓紧时间进行手术。

◆预防　加强饲养管理，注意粗精饲料搭配。饲料要多样化，应有充足的青绿多汁饲料及饮水。适当运动，防止过劳，定期驱虫。

12. 吸入性肺炎

吸入性肺炎又称异物性肺炎，是由于饲料、奶、药物、呕吐物等异物误入气管、肺组织，并引起气管和肺组织的炎性病理变

化；伴随异物进入的腐败性微生物的作用，促进了炎症的进一步发展，导致肺组织的腐败、分解和坏死，故又称坏疽性肺炎。临床上的主要特征有发病急，呼吸极度困难，鼻孔中流出脓性、腐败性恶臭鼻汁。

◆发病原因　原发性多为医源性的，这常见于兽医人员使用胃管、喂食器或投药器粗暴、不熟练，将药物灌入气管内所致。犊牛吸入性肺炎多见于难产时分娩产出时间延长，胎儿吸入羊水；犊牛开始吸吮时，将奶或代乳品吸入气管内。此外，患白肌病的犊牛会因舌、咀嚼肌以及与吞咽有关的肌肉功能受到影响而引发此病。

◆临床诊断　异物直接由气管入肺者，发病快，立即出现惊恐不安，咳嗽，呼吸困难；严重者则很快窒息。其他原因引起吸入性肺炎时，疾病的发展较为缓慢。病牛咳嗽、气喘，体温升高达40℃以上，并从两侧鼻孔流出多量的带有异物颜色和气味的鼻汁，随着咳嗽和低头而明显。呼出气体也有异物味和臭味，以后由于肺组织的腐败分解，鼻汁则变得污秽、气味恶臭。

肺部听诊，初期多在前下部可听到湿啰音，以后可以听到干啰音。肺部叩诊，初期在前下部叩诊音低沉，呈浊音、半浊音；当肺空洞形成时，叩诊呈鼓音、破壶音。

◆治疗　治疗原则是迅速排除肺内异物，抗菌消炎，制止肺组织的腐败分解。

①让病牛站在前低后高的位置，并将头放低，卧地不起者垫高后躯以便于异物的排出；同时，反复注射兴奋呼吸中枢的药物及皮下注射2%毛果芸香碱5~10毫升，加速异物的排出。

②用大剂量的抗生素、磺胺类药物以消炎杀菌，制止肺组织的腐败分解。

③静脉注射樟酒糖（0.4%樟脑、6%葡萄糖、30%酒精、0.9%氯化钠）200~250毫升，对预防自体中毒和败血症有一定

作用。

◆预防　本病的治疗总体上效果并不理想，因此，还应注意预防，以减少或杜绝本病的发生。应加强责任心，严格执行兽医技术操作规程，防止异物吸入肺内。对确诊为患咽、食道麻痹、乳热症和呼吸困难的病牛，严禁经口灌药，并加强对原发病的治疗。

13. 肺炎

肺炎是肺组织炎症的总称。临床上可分为支气管肺炎、细支气管和肺泡的炎症。炎性渗出物为卡他性，病变多局限于个别或几个肺小叶，称为小叶性肺炎，临床上以体温升高、听诊有捻发音及叩诊有散在的浊音区为特征；炎性渗出物为纤维蛋白，在整个肺叶，甚至一侧肺和两侧肺的大部分发生急性炎症过程，称为大叶性肺炎，临床上以稽留热型、肺部叩诊有大面积浊音区为特征。

◆发病原因　原发性肺炎直接由病毒、细菌、真菌、寄生虫及不良的物理性和化学性因子所致。继发性肺炎可继发于某些疾病，如子宫炎、乳房炎的病原菌可通过血源途径进入肺脏而致病。此外，饲养不当，营养缺乏特别是维生素 A 缺乏，体质衰弱，圈舍环境不良，通风不良，灰尘、氨气集聚，机体受寒，这些均可降低机体的抵抗力，促使肺炎的发生和发展。

◆临床诊断　病初鼻液多为透明浆液性，量多，然后量变少，呈黏性、脓性，最后有再次变为多量浆液性的鼻液。咳嗽在病初为干咳，痛苦，后变为湿咳。呼吸加快，可达 40～90 次/分，有的可见张口呼吸。体温高达 40～41℃，呈弛张热。肺部听诊有肺泡呼吸音减弱，捻发音，干、湿啰音；肺部叩诊病区呈半浊

音或浊音。

◆鉴别诊断

①与肺气肿。牛肺脏内充满过量气体，肺体积增大，叩诊肺各部皆呈鼓音或过清音，叩诊界可向后延伸，呼气较长，由于腹部肌肉用力收缩，沿肋骨与肋软骨交界处凹陷成一纵沟，为肺气肿的示病症状。

②与巴氏杆菌病。发病突然，传播迅速，除肺炎型外，还呈现急性败血型及头、颈、胸前和腹下出现水肿。

③与牛肺疫。多数呈慢性经过，急性型较少，按压肋间有明显胸痛，叩诊浊音区广泛，胸下、腹下水肿，胸腔穿刺液有浆液性纤维蛋白性渗出液体。

④与牛结核病。病程长，呈慢性经过，病牛渐进性消瘦，贫血。咳嗽频繁，并表现出痛苦。牛结核菌素皮内试验呈阳性反应。

⑤与肺水肿病。牛体温多不升高，全身毒血症较轻，叩诊肺时常呈鼓音，两侧鼻孔流出黄色或淡红色的泡沫状鼻液，这是与肺炎相区别的症状之一。

⑥上呼吸道炎。牛上呼吸道炎包括喉炎、喉水肿、气管炎和支气管炎。这些疾病全身毒血症程度要比肺炎轻，且咳嗽频繁，用手指捏压喉头或气管可诱发咳嗽。

◆治疗　治疗原则：抗菌、消炎；强心、利尿，减少渗出；已渗出时，应促使渗出物吸收。

①对病牛应加强护理，置于通风良好、温暖无灰尘的圈舍中，给予易消化、适口性好的饲料。

②抗菌消炎，主要应用抗生素和磺胺类药物进行治疗，用药途径和剂量视病情轻重及有无并发症而定。

③制止渗出，可静脉注射10%氯化钙溶液，100～150毫升，每日1次。促进渗出物的吸收，可肌内注射速尿，剂量250毫

克，每日2次。

④缓解呼吸困难，可肌内注射阿托品0.048毫克/千克体重，每日2次。肌内或静脉注射地塞米松10～20毫克，每日1次。

◆预防　加强饲养管理，减少刺激呼吸道的各种应激因素，供给全价日粮，建立完善的免疫接种制度，增强机体抗病力。及时治疗原发病。

14. 肺充血和肺水肿

肺脏毛细血管内血液量异常增多称肺充血。肺血管内的液体成分渗漏到肺泡及支气管内时称肺水肿。

◆发病原因　肺充血主要是由于炎热季节服重役，在车船运输途中过度拥挤，以及吸入热空气或刺激性气体所引起。心机能障碍、持续性肺充血加剧，多能引起肺水肿。

◆临床诊断　肺充血的临床特征为：体温升高，脉搏加速，呼吸浅表，肺泡呼吸音增强（不流鼻液）。心机能障碍引起的肺充血体温无变化。

肺水肿的临床特征为：两侧鼻孔流出大量浅黄色带有小泡沫样鼻液。肺泡呼吸音减弱，湿啰音明显。胸部叩诊在前下部因肺泡充满液体多呈浊音。

◆治疗　肺充血到肺水肿发展迅速，必须及时抢救治疗。

①心脏机能衰弱时应即时用强心药，安钠咖注射液10～20毫升，或樟脑磺酸钠注射液10毫升，肌内注射。

②防止渗出可用10%氯化钙100～200毫升，静脉注射。

③病牛不安时可用镇静剂，安溴注射液80～100毫升，静脉注射。

◆预防　加强锻炼，增强牛体耐力。注意圈舍卫生，保持通

风良好，防止中暑。

15. 创伤性心包炎

创伤性心包炎是由尖锐异物刺伤心包而引起的心包化脓性、增生性炎症。常伴有网胃炎、隔膜炎、胸膜炎。临床上以食欲废绝，颈静脉怒张，胸下、颈下、颌下浮肿为特征。

◆发病原因　多由随同饲料进入网胃的铁丝、铁钉等尖锐的金属锐物，穿透网胃壁，进而刺伤心包而引起。

◆临床诊断　病初呈现顽固性的前胃弛缓症状和创伤性网胃炎症状，以后才逐渐出现心包炎的特有症状，即心区触诊、叩诊时病牛疼痛不安，抗拒检查。心脏听诊，初期可听到心包摩擦音，以后可听到心包拍水音，心音和心搏动明显减弱。颈静脉膨隆呈索状，颌下、肉垂、胸下及胸前等处发生水肿。体温升高，脉搏增数，呼吸加快。

◆治疗　视牛的经济价值采用不同疗法。对经济价值高的病牛可采用心包穿刺法或手术疗法，但严重腹侧水肿和明显心衰的病牛不宜手术。

心包穿刺法操作为：心包积液时，用10～20号的20厘米长针头，在左侧第4～6肋间与肩关节水平线相交点做穿刺，抽空心包积液后，用生理盐水反复冲洗，直至抽出液变透明为止，再灌注抗生素，隔3天冲洗1次。

◆预防　加强饲养管理工作，防止饲料中混杂金属异物。对已确诊为创伤性网胃炎的病牛，宜尽早实施瘤胃切开术，取出异物，避免异物刺伤心包。

16. 脑膜脑炎

脑膜脑炎是软脑膜及脑实质发生炎症，伴有严重脑机能障碍的疾病。临床上以先兴奋后因神经机能丧失而沉郁为特征。

◆发病原因　原发性脑膜脑炎多数是由感染或中毒所致。感染因素有恶性卡他热病毒、大肠杆菌、巴氏杆菌、李氏杆菌、葡萄球菌等，中毒因素有食盐中毒、铅中毒等引起的严重自体中毒。继发性脑膜脑炎多见于脑部及邻近器官炎症的蔓延，如颅骨外伤、角坏死、额窦炎等；也见于一些寄生虫病，如脑脊髓丝虫病、脑包虫病。

◆临床诊断　通常突然发病。一般脑症状表现为精神状态异常，病牛先兴奋后抑制或交替出现。兴奋时，病牛眼神凶恶，摇头甩尾，大声哞叫，狂暴不安，乱奔乱跑；沉郁时，病牛无神呆立，不注意周围事物，对外界刺激反应迟钝，严重者昏睡或昏迷，意识丧失，皮肤痛觉和反射均消失。

局部脑症状表现为痉挛和麻痹，神经功能亢进时，可呈现眼球震颤、斜视、牙关紧闭等症状；神经功能减退时，可呈现口唇歪斜，耳下垂，舌脱出，以及吞咽、视觉、听觉、嗅觉、味觉功能丧失等症状。

◆鉴别诊断

①与李氏杆菌病。病牛头向一侧偏斜，一侧性颜面神经麻痹，一侧性眨眼反射，不流泪，做圆圈运动。

②与昏睡嗜血杆菌感染。患脑膜炎，体温升高达41℃，高度沉郁可持续12～24小时，嗜睡，呈流行性。

③与牛恶性卡他热。除脑膜炎症状外，流鼻涕，鼻镜糜烂和结痂，口腔黏膜溃烂，角膜混浊，出现白细胞减少症。

④与破伤风。病牛机敏性增强，刺激可引起肌肉痉挛性和强直性收缩，牙关紧闭，四肢强直。

⑤由毒素引起的脑机能改变。病牛常常伴有重度的胃肠障碍和其他症状，病史调查可有助于诊断。

◆治疗　治疗原则是抗菌消炎，降低颅内压和对症治疗。

①抗菌、消炎，可静脉注射10%磺胺嘧啶钠液或增效磺胺嘧啶液100～150毫升；庆大霉素2.2毫克/千克体重，每日2次。

②降低颅内压，可静脉注射20%甘露醇或25%山梨醇150～300毫升。

③病牛过度兴奋、狂躁不安时，可肌内注射2.5%盐酸氯丙嗪10～20毫升，或静脉注射安溴注射液50～100毫升。

◆预防　加强饲养管理，及时治疗原发病，防止疫病蔓延传播。

17. 日射病及热射病

日射病是在炎热季节，牛的头部受到强烈日光的直接照射，引起的中枢神经系统机能严重障碍性疾病；热射病是在潮湿闷热的环境中，机体产热多，散热少，体内积热而引起中枢神经系统机能紊乱的疾病。临床上日射病和热射病统称为中暑。

◆发病原因　在高温天气和强烈阳光下使役、驱赶和奔跑等常可发病。圈舍拥挤、通风不良或在闷热（温度高、湿度大）的环境下无降温设施，用密闭而闷热的车、船运输等也可引起本病。

◆临床诊断　常在酷暑盛夏季节突然发病。病牛精神沉郁或兴奋。体温升高至41.5～42.5℃，心率过速达100次/分以上，呼吸急促，张口伸舌，呼吸数多达75次/分以上，步态不稳，摇晃，最后卧地呈昏睡状态。

◆治疗　治疗原则是消除病因，促进机体散热和缓解心肺机能障碍。

①消除病因。立即将病牛移至阴凉通风处，若病牛卧地不起，可就地搭起遮阳棚，减少应激。

②降温疗法。不断用冷水浇洒全身，或用冷水灌肠，口服1%冷盐水，体质较好者可泻血1 000～2 000毫升，同时静脉注射等量生理盐水，以促进机体散热。

③缓解心肺机能障碍。对心功能不全者，可皮下注射20%安钠咖10～20毫升。为防止肺水肿，可静脉注射地塞米松1～2毫克/千克体重。当病牛烦躁不安和出现痉挛时，肌内注射2.5%氯丙嗪10～20毫升。若确诊病牛已出现酸中毒，可静脉注射5%碳酸氢钠500～1 000毫升。

◆预防　在夏天，应充分做好防暑降温工作，牛舍要透风，牛棚内应设置排风扇或喷雾降温；及时清刷饮水槽，保证有充足的清洁饮水；运动场内搭设凉棚，并设置食盐槽，供牛自由舔食。一旦发病，应及时对症治疗。

18. 酮病

酮病又叫醋酮血症，是由于牛体内碳水化合物及挥发性脂肪酸代谢紊乱所引起的一种全身性失调的代谢性疾病。其特征是血液、尿、乳中的酮体含量增高，血糖浓度下降，消化机能紊乱，体重减轻，产奶量下降，间有神经症状。

◆发病原因　由于饲料中糖和产糖物质不足，导致能量代谢紊乱，体内酮体生成增多；此外，继发于皱胃变位、创伤性网胃

炎、子宫炎、乳房炎等引起的食欲减退，血糖浓度下降，导致脂肪代谢紊乱，酮体产生增多。

◆临床诊断　主要发生于高产奶牛，通常在产后2~3周发病。病牛呈现顽固性前胃弛缓，食欲减退，厌食精料，仅吃少量干草或青草，常吃污秽不洁的垫草等。反刍减少，瘤胃蠕动音减弱或消失，产奶量急剧下降。病牛呼出的气体有酮味（如同烂苹果的味道），尿液及乳汁中酮体增多。

病牛可出现神经症状。初期兴奋不安，哞叫，听觉过敏，眼肿，转圈运动，有的横冲直撞，狂暴不安。后期转为抑制，呆立于槽前，低头耷耳，或步态不稳，卧地不起，有时头置于肘部而呈昏迷状态。

◆治疗

①补糖疗法。静脉注射50％葡萄糖液500毫升，每天2次，需反复注射。补充产糖物质，丙二醇或甘油每日450克，分2次口服，连用2天。

②激素疗法。肌内注射促肾上腺皮质激素500单位；地塞米松10~30毫克，或氢化可的松0.5~1克，肌内注射。

③其他疗法。解除酸中毒，可静脉注射5%碳酸氢钠液500~1 000毫升，每天1~2次。对兴奋不安的病牛，可静脉注射5%水合氯醛乙醇注射液200~300毫升，或口服水合氯醛15~30克。为加强前胃消化机能，促进食欲，用人工盐200~250克，一次灌服；维生素B_1 20毫升，一次肌内注射。

◆预防　加强干奶牛的饲养，注意饲料组合，不可偏喂单一饲料。妊娠后期和产犊以后，应减喂精料，增喂优质青干草、甜菜、胡萝卜等含糖和维生素丰富的饲料。适当增加运动，及时治疗诱发疾病。

19. 佝偻病

佝偻病是指犊牛在生长过程中，由于维生素 D 及钙、磷缺乏或饲料中钙、磷比例失调所致的一种骨营养不良性代谢病。其特征是消化紊乱、异食癖、长骨弯曲和跛行。

◆发病原因　草料中钙、磷不足或比例不当，维生素 D 不足或缺乏，缺乏阳光照射是本病发生的主要原因。

◆临床诊断　病犊精神沉郁，喜卧，异嗜，舔食墙土、煤渣、沙土、砖头及粪尿等物。营养不良，消瘦，贫血，生长发育缓慢。四肢各关节肿大，特别是腕关节和跗关节最为明显；四肢长骨弯曲变形，肋和肋软骨连接处肿大呈串珠样；站立时，拱背，两前肢腕关节外展呈 O 字形；两后肢跗关节向内收呈八字形叉开，运步强拘，跛行；牙齿发育不良，咀嚼困难。

◆治疗　对病牛应尽早治疗。在饲养上给豆科牧草及其子实，以及优质干草和磷酸钙。同时，可用维生素 D_2（骨化醇）200 万～400 万单位，肌内注射，隔日一次，3～5 次为一个疗程；维生素 A、维生素 D 50 万～100 万单位，一次肌内注射；维丁胶性钙 5～10 毫升，一次肌内注射，每日一次，连续注射 3～5 天。

◆预防　加强妊娠后期母牛的饲养管理，补充维生素 D 和钙。加强犊牛的护理，尽早培养采食能力，给以适口性好、品质好的饲料，保证蛋白质、矿物质及维生素的供给；犊牛舍应干燥、通风，并且日光充足。

20. 骨软病

骨软病是成年牛钙、磷代谢障碍的一种慢性全身性疾病。临床症状是消化紊乱，骨质变软，肢势异常，蹄变形，尾椎吸收及跛行，为奶牛常见病。

◆发病原因　草料中钙、磷不足或比例不当，维生素 D 不足或缺乏，缺乏阳光照射是本病发生的主要原因。

◆临床诊断　以年老而又高产的母牛易发。病牛出现慢性消化障碍症状和异嗜，舔墙吃土，喝粪汤尿水等异物。拱背站立，喜卧，运步不灵活，常可听到肢关节有破裂音，即“吱吱”声，出现不明原因的一肢或多肢跛行，或交替出现跛行。骨骼变形，尾椎被吸收，最后 1 尾或 2 尾椎吸收消失，肋软骨肿胀呈串珠样，形似糖葫芦。

◆治疗　病初如及时治疗，收效较大，如症状已趋明显，则疗效较差。

①饲料可补加磷酸二氢钠 80～120 克，每天 1 次，连用 3～5 天。

②静脉注射 10% 氯化钙 200～300 毫升或 10% 葡萄糖酸钙 500 毫升，20% 磷酸二氢钠液 300～500 毫升或 3% 次磷酸钙液 1 000毫升，每日 1 次，连续注射 5～7 天。

③维生素 A、D 注射液 15 000～20 000 单位、维丁胶性钙 20 毫升，一次肌内注射，隔日一次，连续 35 天。

◆预防　应充分重视矿物质的供应与比例，其钙、磷比例以 1.4∶1 为宜。有条件的牛场应加喂干草，每日喂胡萝卜 7.5～10 千克。对于已出现症状的高产牛，可提早停乳，定期静脉注射钙制剂和磷酸二氢钠注射液。

21. 青草搐搦

青草搐搦又称青草蹒跚，是在幼嫩的青草或谷苗地放牧不久而突然发生的一种高度致死性疾病。临床上以强直性和阵发性肌肉痉挛、呼吸困难和急性死亡为特征。

◆发病原因　主要是由于多吃了幼嫩多汁的青草，使血液中镁和钙含量急剧减少所致。

◆临床诊断　以春夏季节多见。病牛呈现明显的神经症状，盲目奔跑，呈疯狂状态，倒地后四肢划动，颈、背及四肢震颤，牙关紧闭，磨牙，唇边有泡沫。耳竖立，尾肌和后肢呈强直性痉挛，如抢救不及时，很快死亡。

◆治疗　常用25%硫酸镁液200～300毫升，5%氯化钙液100～200毫升，10%葡萄糖液500～1 000毫升，静脉注射，速度要缓慢。可配合25%硫酸镁液200毫升进行皮下注射。

◆预防　春夏季节要合理放牧，尤其由舍饲转为放牧时，应逐渐过渡，防止突然饱食青草。如长时间放牧，应适当补镁补钙。

22. 维生素A缺乏症

维生素A缺乏症是由于体内维生素A或胡萝卜素缺乏或不足所引起的一种营养代谢病。以生长缓慢、夜盲、繁殖机能障碍、机体免疫力低下为临床特征。

◆临床诊断　病初呈夜盲症，在月光或微光下看不见障碍物。以后角膜干燥，羞明流泪；皮肤干燥，被毛粗乱；运动障

碍，步态不稳；营养不良，生长缓慢；母牛易发生流产，常产出死胎，产后常有胎衣不下现象。

◆治疗　立即更换饲料，多喂青草、优质干草、胡萝卜及黄玉米等富含维生素 A 的饲料。必要时，可在饲料内滴加适量的鱼肝油或维生素 A 添加剂。药物可用鱼肝油 20～60 毫升，口服；或用维生素 A 注射液 5 万～7 万单位，肌内注射。

◆预防　改善饲养，对妊娠母牛应注意多喂青绿饲料、优质干草及胡萝卜等，饲料不宜储存过久，也不宜过早地将维生素 A 掺入饲料中作储备料，以免氧化破坏。舍饲牛冬季应适当运动，多晒太阳。

23. 硒和维生素 E 缺乏症

硒和维生素 E 缺乏症主要是由于体内硒和维生素 E 缺乏或不足所引起的一种疾病。以骨骼肌、心肌和肝脏组织变性、坏死为特征。犊牛多发。

◆发病原因　饲草料中硒和维生素 E 含量不足，或饲料加工贮存不当，维生素 E 被破坏，则可发生本病。

◆临床诊断　犊牛发育受阻，步态强拘，后躯摇晃，喜卧，臀背部肌肉僵硬。伴有顽固性腹泻，心率可达 120 次/分以上，心律不齐。成年母牛胎衣不下，泌乳量下降。

◆治疗　应用硒和维生素 E 制剂治疗。常用 0.5% 亚硒酸钠液 8～10 毫升，肌内注射，隔 20 天再注射 1 次；维生素 E 注射液 50～70 毫克，肌内注射，每天 1 次，连用数天。

◆预防　加强妊娠母牛和犊牛的饲养管理，冬季多喂优质干草，增喂苜蓿、麸皮和麦芽，在饲料中直接补硒。在严重缺硒的地区，入冬后对妊娠母牛每 2 周肌内注射维生素 E 200～250 毫克，每20天肌内注射0.1%亚硒酸钠液10～15毫升，共注射3次。对犊牛也可采用同样的方法进行预防，剂量减半。

24. 母牛卧倒不起综合征

母牛卧倒不起综合征又称爬行母牛综合征，最常继发于生产瘫痪，临床上表现为长时间躺卧，用钙剂治疗两次还不能站立者，多认为是本病。

◆发病原因　直至目前还在争论和探讨。

◆临床诊断　本病以头胎牛和老年牛多见，冬季多于春季。持续躺卧是本病的主要表现，卧倒不起常发生于产犊过程或产犊后48小时内。病牛神志清醒，反应机敏，饮食欲基本正常，心率增加到80～100次/分。最初病牛企图挣扎站立，但其后肢不能充分伸展，只能以部分屈曲的两后肢沿地面爬行，由此得名“爬行母牛”。有的病牛两后肢向后移位而呈现出犬坐姿势或蛙腿姿势。由于长时间卧地不起，常引起乳房炎、褥疮性溃疡等并发症。

◆治疗　由于本病病因复杂，要根据诊断分析的结果作为治疗依据。若已确认病因为各种损伤，包括肌肉和韧带的损伤时，宜尽早予以淘汰。

对于经治疗可望恢复的病牛，宜对症处治，综合治疗。临床上可采用钙制剂、镁制剂、磷制剂及钾制剂。如10%葡萄糖酸钙500～1 000毫升，一次静脉注射，每日2～3次。15%磷酸二氢钠液200～300毫升，林格氏液1 000毫升，一次静脉注射。氯化钾30～40克，分2～3次内服；或用5%氯化钾100毫升，5%葡萄糖注射液500毫升，缓慢一次静脉注射。25%硫酸镁注射液100～200毫升，一次皮下注射。在充分保证血钙浓度的情

况下，上述药物可交替使用。

对于神经损伤、肌肉剧伸的病牛，可用维生素 B_1、B_{12}，或士的宁于腰荐神经丛穴位注射。也可用醋灸法，即将醋涂布于病牛腰荐部，再用酒精涂布，点燃涂布于腰荐部的酒精，等燃烧过后，用麻袋将腰部覆盖，有时也能收效。

三、外科病

1. 创伤

创伤是因锐性外力或强烈的钝性外力作用于机体组织或器官，使受伤部皮肤或黏膜出现伤口及深在组织与外界相通的机械性损伤，分为新鲜创和化脓性感染创。新鲜创包括手术创和新鲜污染创（尚未出现感染症状）；化脓性感染创是指创内有大量细菌侵入，出现化脓性炎症的创伤。

◆临床诊断

①新鲜创。出血、创口裂开、疼痛是新鲜创的主要症状。重剧的创伤常出现不同程度的全身症状。

②化脓性感染创。化脓性感染创又包括化脓创和肉芽创。化脓创的临床特点是创缘及创面肿胀、疼痛，局部温度增高，创口不断流出脓汁或形成很厚的脓痂。创腔深而创口小或创内存有异物时，发生脓肿或引起周围组织的蜂窝织炎，出现体温升高。随着化脓性炎症的消退，创内出现新生肉芽组织。正常肉芽组织比较坚实，呈红色平整颗粒状，表面附有少量黏稠的带灰白色的脓性物。

◆治疗

1）新鲜创的治疗

①及时止血。可采取压迫、填塞、钳夹、结扎等方法，也可应用止血剂，如外用止血粉撒布创面，必要时可用安络血、维生素 K_3 等全身性止血剂。

②清洁创围。先用灭菌纱布将创口盖住，剪除周围被毛，用

0.1%新洁尔灭溶液或生理盐水将创围洗净，然后用5%碘酊进行创围消毒。

③清理创腔。除去覆盖物，用镊子仔细除去创内异物，反复用生理盐水洗涤创内，然后用灭菌纱布轻轻地吸蘸创内残存的药液和污物。对污染较重的创伤，要及早清理，并用0.1%新洁尔灭溶液清洗创腔，再于创面涂布碘酊。

④缝合与包扎。创面比较整齐，外科处理比较彻底时，可密闭缝合；有感染危险时，部分缝合；创口裂开过宽时，可部分缝合；组织损伤严重或不便缝合时，可采用开放疗法。四肢下部的创伤一般应包扎。

⑤若组织损伤或污染严重时，应及时注射破伤风类毒素、抗生素。

2）化脓性感染创的治疗

①化脓创的治疗。清洁创围。用0.1%高锰酸钾溶液、3%双氧水或0.1%新洁尔灭溶液等冲洗创腔。扩大创口，开张创缘，除去深部异物，切除坏死组织，排出脓汁。最后用松碘油膏或10%磺胺乳剂等涂布创面或用纱布条引流。有全身症状时可适当选用抗菌消炎类药，并注意强心解毒。

②肉芽创的治疗。清理创围。清洁创面，用生理盐水轻轻清洗。局部用药，应选用刺激性小、能促进肉芽组织和上皮组织生长的药物，如松碘油膏、3%龙胆紫等。肉芽组织赘生时，可用硫酸铜腐蚀。

2. 脓肿

在任何组织或器官内形成外有脓肿膜包裹，内有脓汁潴留的局限性脓腔时称为脓肿。

◆发病原因　各种化脓菌通过损伤的皮肤或黏膜进入体内而发生。此外，当静脉注射刺激性药物（如氯化钙、黄色素、水合氯醛等）漏于皮下，尖锐物体的刺伤或手术时局部造成污染等也会导致脓肿。

◆临床诊断

①浅在脓肿。病初局部增温，疼痛，呈显著的弥漫性肿胀。以后肿胀逐渐局限化，四周坚实，中央软化，触之有波动感，渐渐皮肤变薄，被毛脱落，最后破溃排脓。

②深在脓肿。局部肿胀常不明显，但患部皮肤和皮下组织有轻微的炎性肿胀，有疼痛反应，指压时有压痕，波动感不明显。为了确诊，可进行穿刺。当脓肿尚未成熟或脓汁过分浓稠，穿刺抽不出脓汁时，要注意针孔内有无脓汁附着。

◆鉴别诊断

①血肿。受伤后迅速形成局限性肿胀，穿刺肿胀部位可流出血液。

②淋巴外渗。通常在受伤后 3 ~ 4 天出现肿胀。穿刺肿胀时，可排出橙黄色半透明的淋巴液，有时因混有血液而呈红黄色。

③腹壁疝。受伤后常在右侧腹壁上突然发生球形或椭圆形、大小不等的柔软肿胀，小的如拳，大的如排球。热痛较轻，有时听诊可听到肠蠕动音。

◆治疗　病初，局部可涂布樟脑软膏或用醋调制的复方醋酸铅散，以抑制炎症渗出；随后，可用温热疗法，如热敷、蜡疗等，以促进炎症产物的吸收；同时，用抗生素或磺胺类药物进行全身性治疗。如果上述方法不能使炎症消散，可用鱼石脂软膏等，以促进脓肿成熟。当出现波动感时，即表明脓肿已成熟，这时应及时切开，彻底排除脓汁，再用 3% 双氧水或 0.1% 高锰酸钾水冲洗干净，涂布松碘油膏或视情况用纱布引流，以加速坏死组织的净化。

3. 血肿

血肿是由于种种外力作用，造成软组织的大血管破裂，血液进入周围组织而形成的肿胀。奶牛主要发生皮下血肿和乳房血肿。

◆发病原因　血肿常见于软组织的非开放性损伤，但骨折、刺创、火器创也可形成血肿。

◆临床诊断　血肿的临床特点是肿胀迅速增大，肿胀呈明显的波动感或饱满有弹性。4～5 天后肿胀周围呈坚实感，并有捻发音，中央部有波动，局部增温。穿刺时，可排出血液。有时可见淋巴结肿大和体温升高等全身症状。血肿感染可形成脓肿。

◆治疗　血肿初期，可注射止血敏，用冷敷和按压来止血。经 4～5 天肿胀稳定后，在血肿下部局部剪毛消毒，穿刺或切开血肿，排除积血或凝血块，如发现继续出血，可结扎血管。清理创腔后，分别用 3% 双氧水和 0.1% 高锰酸钾水冲洗，再缝合创口，最后用纱布做引流。为防止感染，可注射青霉素、链霉素，或注射其他抗生素。

4. 淋巴外渗

淋巴外渗是在钝性外力作用下，造成淋巴管断裂，淋巴液进入周围组织而形成的肿胀。

◆发病原因　钝性外力在动物体上强行滑擦，致使皮肤或筋膜与其下部组织发生分离，淋巴管发生断裂。淋巴外渗常发生于淋巴管较丰富的皮下结缔组织。

◆临床诊断　淋巴外渗在临床上发生缓慢，一般于伤后3～4天出现肿胀，并逐渐增大，有明显的界限，呈明显的波动感，炎症反应轻微。穿刺液为橙黄色稍透明的液体，或其内混有少量的血液。病程延长，会出现结缔组织增生，呈明显的坚实感。

◆治疗　对较小的淋巴外渗，可于波动明显部位，用注射器抽出淋巴液，然后注入95%酒精或酒精福尔马林液（95%酒精100毫升，福尔马林1毫升，碘酊数滴，混合备用），停留片刻后，将其抽出。应用一次无效时，可进行第二次注入。对较大的淋巴外渗，可切开肿胀，排出淋巴液及纤维素，用酒精福尔马林液冲洗，并将浸有上述药液的纱布填塞于腔内，进行假缝合。当淋巴管完全闭塞后，可按创伤治疗。

5. 冻伤

牛在寒冷潮湿环境下由于低温作用，在尾巴、四肢、耳朵、乳房等末梢部易发生冻伤。

◆临床诊断　按冻伤程度可分为三度：Ⅰ度，皮肤及皮下组织充血、水肿、疼痛；Ⅱ度，除皮肤红肿外，出现大小不等的水泡，以后逐渐变干，表皮脱落，自溃后易形成溃疡；Ⅲ度，深达皮下、肌肉、骨骼、韧带等，皮肤呈紫黑色、紫褐色，局部感觉消失，感染后出现渐进性坏死，少数出现干性坏死。

◆治疗　首先做好复温工作。患部用酒或10%～20%樟脑酒精涂擦、按摩或温敷，也可用花椒壳250克，掺盐100克，炒熟后敷于患部。病牛尚需灌服姜汤或热酒。对Ⅰ度冻伤，做好复温便可痊愈。Ⅱ度冻伤局部可涂擦5%龙胆紫溶液，大水泡要刺破，涂擦当归紫草膏。对Ⅲ度冻伤应及时切除坏死组织，创面按Ⅱ度冻伤处理，并加入金霉素软膏，当有全身感染倾向时，应用

青霉素400万单位、链霉素200万单位肌内注射，静脉注射10%葡萄糖酸钙200～300毫升。对已感染、坏疽的按感染创处理。末梢部分坏死时手术切除。

◆预防　防止冻伤的关键在于预防，冬季圈舍内要保持干燥温暖，防止贼风，垫草要厚。

6. 角损伤

角损伤是反刍兽特发病，主要是暴力损伤所致。

◆临床诊断　一般分为三种。

①角鞘（角壳）脱落。角鞘全部脱落或活动，角突处有大量混有血液的渗出物，触之疼痛。

②角鞘破裂。在角的生发层表面出血，角突骨质上可能出现骨裂或角折。

③高位或低位角折。角折部位从角基部算起超过全长1/2为高位，不到1/2为低位，越接近基部的角折，病情越严重。

◆治疗　角折后尽快包扎，防止继续出血与污染。角鞘脱落时，用浸有消毒液的纱布擦净血凝块后包扎。如为新鲜角折，擦净创面后包扎，数天后不发生感染即可修补。角折化脓时，按化脓创处理，瘢痕形成后才可修补。外科处理不宜用消毒液冲洗角腔。封闭材料要轻巧、牢固、耐压、耐磨、防水，填塞物一般用固齿粉、塑料粉、有机玻璃、500号水泥等，补壳用牛角板、铝皮等。

7. 全身化脓性感染

全身化脓性感染也称败血症，是机体某些部位感染化脓后，细菌进入血液不断增殖，并且产生毒素，从而引起全身性病理过程。

◆发病原因　引起全身化脓性感染的致病菌主要有金黄色葡萄球菌、溶血性链球菌、大肠杆菌、厌气性链球菌、坏疽杆菌等。

◆临床诊断　病牛全身症状明显，体温升高至40℃以上，稽留热，食欲减退或废绝，瘤胃蠕动减弱，脉搏弱而快，呼吸促迫，精神沉郁，目光呆滞，严重者会出现体温降低，最终死亡。

◆治疗

①局部疗法。必须彻底清除化脓灶的坏死组织，排除脓汁，通畅引流。

②全身疗法。早期大剂量注射抗生素，如青霉素、链霉素、四环素等，静脉注射生理盐水1 000毫升、5%葡萄糖1 000毫升、10%安钠咖30毫升、5%碳酸氢钠500毫升，一天2次，连用5天。

8. 结膜炎

结膜炎是由各种不良外界刺激及感染引起的眼睛结膜的炎症。

◆发病原因　主要原因是一些尘沙、谷皮等细小颗粒进入眼睛，石灰、氨气、烟雾等对结膜的刺激，消毒过程中消毒液如石灰水、火碱水、肥皂水、洗必泰对结膜的作用。也可继发于其他疾病，如寄生虫、传染性胸膜肺炎等。

◆临床诊断　一般犊牛多发，特别在春季呈群发性。病牛怕光，结膜潮红，眼睛流泪，并且有分泌物，有疼痛感。当急性发生时，初期，眼结膜潮红充血，分泌浆液性分泌物，并且分泌物

挂于眼角处。随着病情的加重，病牛羞明、流泪加重，分泌物也增多。眼结膜出现肿胀，甚至外翻，影响视觉。当蔓延至角膜时，会引起角膜混浊。当转为慢性时，症状减轻，眼结膜轻度充血，呈暗红色，并且结膜增厚。如果是化脓性结膜炎，症状非常严重，眼结膜高度充血肿胀，疼痛剧烈，并且水肿外翻，结膜囊流出黄色脓性分泌物，脓汁多时，则会将上下眼睑粘住。

◆治疗

①急性。首先用生理盐水或2%硼酸溶液洗眼，以洗去眼中的异物。用醋酸可的松眼药水滴眼，每4~6小时一次；0.25%氯霉素眼药水或普鲁卡因青霉素溶液（青霉素400万单位，2%盐酸普鲁卡因10毫升，生理盐水500毫升）点眼，每日2~3次。当出现化脓性结膜炎时，先用2%硼酸溶液洗眼，再用1%硫酸锌溶液滴眼；或用1%盐酸普鲁卡因2毫升、氢化可的松5毫克、青霉素5万~10万单位，做结膜下注射，隔天一次。

②慢性。用3%~5%硫酸锌溶液滴眼；如有增生时，先反复清洗外翻结膜上的污物，除去坏死和增生组织，再滴注0.5%金霉素眼药膏。可用自家血疗法，从颈静脉取血3毫升，注射到眼结膜下。

9. 角膜炎

角膜炎是指角膜组织发生的炎症。

◆发病原因　主要原因是外伤，如鞭伤、刺伤等，或某些异物误入眼睛，以及继发于结膜炎和其他疾病。

◆临床诊断　角膜炎的共同症状是：羞明、流泪、疼痛、眼睑闭合、角膜混浊、角膜缺损或溃疡。症状严重时，病牛会出现角膜混浊，甚至出现角膜翳。创伤严重者，可引起角膜溃疡或因化脓引起眼球炎，最后导致失明。

◆治疗

①用2%硼酸溶液或2%明矾溶液洗眼。

②用金霉素眼药水、盐酸普鲁卡因青霉素溶液，或氢化可的松混合青霉素滴眼。

③可用自家血疗法，在上下眼睑皮下注射鲜血5毫升。

④当角膜混浊或溃疡时，可用2%碘化钾溶液做眼球结膜下注射。

⑤感染化脓时，应使用抗生素药物进行全身治疗。

10. 骨折

在外力的作用下，骨的完整性或连续性遭受机械破坏，发生骨折。

◆发病原因　外伤性骨折是由急剧的外力作用所致。病理性骨折是由骨骼矿物质代谢障碍、骨髓炎、氟中毒等疾病引起的。高产奶牛妊娠后期，骨质较疏松，受轻度外力作用也会导致骨折。

◆临床诊断　骨折的性质、部位、程度不同，损伤的表现也有很大差异，不同部位的骨折有其各自的特征。共同的症状为肢体变形，活动异常，出血，肿胀，疼痛，机能障碍，具有骨摩擦音。

◆治疗　尽早对位整复和合理固定，采用夹板绷带、小夹板、石膏绷带等，防止骨端移位、再损伤或污染，促进功能恢复。对开放性骨折，紧急救护时应消毒和包扎，预防伤口感染。同时采取对症治疗，如：镇痛，用盐酸哌替啶注射液10毫升，肌内注射；止血，用止血敏注射液10～20毫升，肌内注射或静

脉注射；输液，用25%葡萄糖注射液500毫升，10%维生素C注射液20毫升，静脉注射，同时肌内注射维生素B_1 0.15克；消炎，用青霉素400万单位、链霉素300万单位，肌内注射等。对闭合性骨折，整复前先进行麻醉，后牵引托挤断端复位，再固定。可选用中成药如接骨散、消炎汤内服，用白芨膏涂抹患部。过3~4周后应适当运动，补给钙剂，用10%葡萄糖酸钙200~300毫升，静脉注射；并补充维生素，用10%维生素C 30毫升、维生素D_2胶性钙注射液5万~10万单位，肌内注射。

11. 关节捻挫

关节捻挫是关节韧带、关节囊和关节周围组织的非开放性损伤。

◆发病原因　由于道路不平坦、泥泞路滑、误踏深坑或深沟跌倒而引起。奶牛常发生于产后截瘫的恢复期。

◆临床诊断　常见挫伤部位有膝关节、肩关节、髋关节。突然跛行，站立病肢稍向外伸，举步关节怕负重。病情严重者，该病肢前伸或远伸前侧方，蹄浮于地，运步呈昂头点脚，不敢向病侧转弯。被动运动表现出不安与疼痛，关节周围增温、肿胀，关节发生血肿。如果治疗不及时可转为慢性跛行。

◆治疗　治疗原则为：制止溢血，镇痛消炎，舒筋活血，促进吸收，恢复机能。初期应冷疗，3天后改为温疗，如热敷、红外线照射，或涂擦刺激剂，如碘酊樟脑酒精合剂（5%碘酊20毫升、10%樟脑酒精80毫升）。若怀疑韧带、关节囊、骨骼等损伤，可以内服中成药红花散。慢性病例时应用烧烙法治疗，效果良好。

12. 关节炎

关节炎是牛的关节滑膜层的渗出性炎症，多见于牛的跗关节、膝关节和腕关节。

◆发病原因　由于外部机械性损伤或挫伤等引起，或由某些传染病（结核、布鲁氏菌病等）继发本病。

◆临床诊断　因炎症性质和病程不同，发病经过和表现也不一样。一般都有肿胀、疼痛和机能障碍等表现。急性症的初期，关节周围肿胀，有温热，并有显著的疼痛。患肢在负重、举扬或伸展时很困难，且呈现明显的混合跛行。化脓菌感染时蓄脓，并伴有全身症状。慢性症的表现是关节增大、畸形，活动受到一定的限制，长期跛行。

◆治疗　治疗原则为：促进炎症消散，防止感染，减轻疼痛。

急性症用盐酸普鲁卡因溶液环状封闭，外加压迫绷带。积液过多时，进行穿刺，将积液排出，同时注入关节腔2.5%醋酸可的松5毫升和青霉素40万单位。按摩关节，外加压迫绷带。慢性症用酒精热绷带或石蜡疗法，或采用强刺激疗法。对化脓性关节炎，应穿刺排脓，用0.1%雷夫诺尔溶液，选用广谱抗生素药物注射于关节囊内。还可采用理疗，如超短波透热疗法或离子透入疗法。

13. 黏液囊炎

◆发病原因　由于腕前部受到各种机械损伤引起。牛在起卧

时，首先将腕前部跪于地面上，当牛舍床地坚硬不平，又缺乏褥草时，容易引起本病。或继发于结核、布鲁氏菌病等。

◆临床诊断　急性炎症时，腕关节的背侧肿胀、增温，有疼痛感。黏液囊内存留炎性渗出物时呈现大的圆形肿胀。慢性炎症时，腕关节的背侧有肿胀、硬固状物，无痛，不妨碍运动。如果浆液大量积聚，纤维素大量增生时，可形成腕前黏液囊，妨碍肢的正常运动而出现跛行。

◆治疗　急性炎症时先用冷敷法，后改为温敷法、消肿散、石蜡疗法或刺激疗法。抽出囊内分泌物，注入0.25%盐酸普鲁卡因25毫升和青霉素80万单位。

慢性炎症时可进行黏液囊穿刺，吸出内容物再注入10%硝酸银溶液10～40毫升，经3～4天，用外科刀在黏液囊的下方刺入囊腔，并向内向外将囊切开，排除其内容物，按照外科方法进行治疗。

◆预防　牛场应清除不平与硬固的牛床，勤垫褥草，减少发病。

14. 桡神经麻痹

◆发病原因　多为该部神经受损伤，如横卧保定时对臂骨外髁附近部位过紧的系缚、颠倒、打碰，蹴踢，腋下通过绳索吊起等，均可致神经受到损伤。也可继发于其他疾病。

◆临床诊断　桡神经完全麻痹时，患肢肘关节及肘以下各关节弛缓无力，患肢不能伸展，肩胛上臂角度开张较大，患肢比健肢长6～12厘米。只用蹄尖着地，运动时病肢不能提举伸扬，若人为固定患肢关节，尚能短时间负重站立，同时能抬起对侧健肢。此种麻痹常可在短时间内使肌肉萎缩。

桡神经不完全麻痹时，患肢尚能负重，在站立时，常将患肢伸出于前方或后方。前进时以半屈曲状态前进，步幅短缩。病期延长，能诱发肘肌萎缩。

◆治疗　对本病尚无特效疗法。局部涂擦四三一合剂，即用樟脑酒精 4 份、氨擦剂 3 份、松节油 1 份制成（氨擦剂由氨水 1 份、胡麻油 4 份制成）。还可选用硝酸士的宁溶液 0.01 ~0.05 毫升，蒸馏水 5.0 毫升，局部一次皮下注射，可连续使用，但勿时间太长，以防引起中毒。也可选用超声波、超短波、低频脉冲电疗及硝酸士的宁电离子透入疗法等。

15. 风湿病

风湿病是常有反复发作的急性或慢性非化脓性炎症。

◆发病原因　尚未搞清楚，有人认为与链球菌感染有关，有人认为是过敏反应。久卧湿地、汗后受风、夜受风寒、突遭雨淋等因素，均可诱发本病。

◆临床诊断　病牛往往发病突然，患部肌肉温热、疼痛，强迫运动步样僵硬，步幅短缩，呈现跛行，运动障碍症状随运动的持续而减轻甚至消失，跛行也可由一肢游走至另一肢。关节风湿症呈温热、疼痛、肿大、囊腔积液。全身性风湿症除伴随有体温升高等全身症状外，可见大片肌肉出现疼痛和机能障碍。

◆治疗　治疗原则为：消除病因，抗过敏，消炎镇痛。

急性时可用 10% 水杨酸钠注射液 100 ~300 毫升，静脉注射，每日 1 次，连用 5 ~7 天，若能配以 0.25% 盐酸普鲁卡因溶液 200 ~300 毫升疗效更佳。体温升高者，可加用青霉素和维生素 C 注射液。若无效时换药，用 0.5% 地塞米松 10 毫升，混入 5% 葡萄糖盐水 1 000 毫升，静脉注射，局部用热敷法或针灸及

电疗等。

16. 犊牛脐炎

脐炎是脐带脉管及周围组织发生的炎症。

◆发病原因　助产时脐带消毒不严，或产房、犊牛舍、运动场不卫生，或犊牛间相互吮吸脐部而感染。

◆临床诊断　病犊精神不振，不吮乳，弓腰，不愿行走。触诊其患部有痛感。在脐的中央有如铅笔至手指粗的硬固状物，少数病例体温升高。

◆治疗　将脐部的毛剪光、洗净后，用10%碘酊进行局部消毒。急性肿胀时，可用0.5%盐酸普鲁卡因溶液100毫升，其中加入普鲁卡因青霉素80万单位，在肿块周围皮下进行环状封闭。若病犊出现全身症状，可肌内注射青霉素、链霉素。肿胀已破溃者，实行扩创排脓。未破溃而有波动者，在其外敷鱼石脂软膏使之软化。

◆预防　接产时应严格消毒脐带，产房要保持卫生、干燥，防止犊牛互舐，对脐部要定期消毒并涂碘酒。

17. 蹄叶炎

蹄叶炎又叫蹄壁真皮炎，是蹄壁真皮的弥散性、无败性炎症。临床特征是疼痛、蹄变形和不同程度的跛行。

◆发病原因 过多地给予精料和育肥用配合饲料、饲料突变或偷吃精料等引起；在坚硬的路面行走和坚硬的牛床上长时间起卧，蹄底受到剧烈机械性损伤而引起。此外，胎衣不下、子宫内膜炎、化脓性疾患及多发性关节炎等也会继发本病。

◆临床诊断　本病多取急性经过，病初病牛体温上升至40～41℃，心音亢进，脉搏100次/分以上，呼吸40次/分以上，食欲不佳和乳量下降。急性型严重时，病牛起立和运动都困难，大多呈横卧姿势。轻症病例不爱运动，表现特有的步态和弯背姿势，蹄有热感，叩诊及钳压疼痛，特别是蹄前部明显。

慢性型大多是急性型继发而来的，蹄的疼痛与急性型相比明显减轻，但仍可见步态呈独特的强拘步态，关节肿大，拱背。另外，蹄的形态明显改变，呈典型的“拖鞋蹄”，即背侧缘与地面形成小的角度，蹄扁阔而变长。并发感染时，蹄底角质和真皮组织坏死，蹄轮异常，蹄尖狭窄而蹄踵增宽，蹄尖壁的角质增厚，成为芜蹄。

◆治疗

①急性蹄叶炎。初期静脉放血1 000～2 000毫升，静脉注射5%～7%碳酸氢钠液500～1 000毫升，5%～10%葡萄糖溶液500～1 000毫升。

给予抗组织胺药，如灌服0.5～1.0克苯海拉明，每天1～2次。

给予肾上腺皮质激素，如可的松注射液。

②慢性蹄叶炎。除上述疗法外，应重视蹄的温浴，注意修蹄、削蹄，预防形成芜蹄。出现蹄踵或蹄冠狭窄时，可锉薄狭窄的蹄壁角质，缓解压迫，并配合装蹄疗法，对芜蹄可做矫形。

◆预防　首先应加强饲养管理，避免突然多给精饲料；饲料的变换要在10～14天内逐渐进行；育肥饲料中的全纤维量至少也要14%以上，奶牛至少18%以上，保持瘤胃内环境相对稳定。严禁饲喂发霉、变质的饲料。

18. 蹄糜烂

蹄糜烂是指蹄底和蹄球负面角质的糜烂。常因角质深层组织感染化脓，临床上出现跛行。本病多发于舍饲奶牛。

◆发病原因　牛舍阴暗潮湿，圈舍、运动场内污物堆积，牛蹄长期于污水、粪尿中浸渍，角质变软，遭细菌感染；蹄底负重不均，蹄形不正，以及患其他蹄病时，可诱发本病；管理不当，未定期进行修蹄均可引发本病。

◆临床诊断　本病常呈慢性过程，病初无异常。当深部组织感染化脓时，出现跛行。检查蹄底，可发现蹄底磨灭不正，蹄底或球部出现黑色小洞，由许多小洞可融合为一个大洞或沟，蹄底常形成潜道，其内充满污灰色、污黑色或黑色液体，具腐臭难闻气味。炎症蔓延到蹄冠、球节时，关节肿胀，皮肤增厚，疼痛明显，运步呈“三脚跳”。化脓后，关节破溃，流出乳酪样脓汁。病牛全身症状严重，体温升高，食欲减退，产乳量下降，消瘦，卧地。

◆治疗

①局部处理。先将患蹄清理干净，修理平正，去除糜烂角质，将黑色腐臭液汁放出。用10%硫酸铜溶液彻底洗净创口，创内涂10%碘酊，填塞松馏油棉球，或放入硫酸铜粉、高锰酸钾粉，装蹄绷带。

②全身疗法。当病牛体温升高时，可用磺胺、抗生素治疗。10%磺胺噻唑钠100～200毫升，静脉注射，每天一次，连续7天；金霉素或四环素，按0.01克/千克体重，静脉注射；5%碳酸氢钠液500～1 000毫升，25%葡萄糖液500毫升，5%葡萄糖盐水1 000毫升，一次静脉注射。对关节炎者，可应用酒精鱼石

脂绷带包扎。

◆预防　加强管理，注意环境卫生。粪便要及时处理，运动场内石块、异物要及时清除，减少蹄部外伤和细菌感染；定期修蹄，保护蹄形，防止变形蹄发生；可用4%硫酸铜浴蹄，5～7天一次，长期坚持，以抑制蹄部化脓性微生物的繁殖、侵入，促进蹄角质硬度增加；对已发病牛只，积极采取对症治疗，促进尽早痊愈。

19. 变形蹄

变形蹄是指蹄壳生长异常。

◆发病原因　主要是因为矿物质营养代谢障碍，尤其是钙、磷比例失调所引起。缺乏机械性磨灭，如长期拴饲在软地面或垫厚软稻草的牛舍内，在降雨量少的草地上放牧，也会使角质不易磨灭而过度生长。此外，其他疾病如化脓性关节炎、乳房炎、子宫内膜炎等都可继发变形蹄。

◆临床诊断　临床上可将变形蹄分为以下几种：

①鸟嘴状指（趾）。背侧壁从蹄球到蹄壳呈凹形，而负重壁呈凸形，蹄形似鹦鹉嘴。

②螺旋形指（趾）。角质粗糙并向内弯曲，早期向轴侧面旋转，蹄较长、窄，比正常弯曲。生长几个月后，轴侧壁弯到蹄底下面，这时可能出现跛行。

③剪刀蹄。俗称拖鞋蹄，二指（趾）过度生长，并彼此交叉在一起，主要出现于慢性蹄叶炎。

④过度生长指（趾）。蹄的长度（包括蹄壁和蹄底）异常伸长，而使背侧面的角度减小（45°），蹄尖向上弯，蹄底和蹄球不能平坦地负重，因此站立不稳。

◆治疗　目前最实用的方法是修蹄疗法，即根据蹄变形进行相应的修正。

◆预防

①去除病因。如给予合理的饲料配方，有蹄变形遗传因子的牛不能作为种用。

②建立定期的削蹄制度，每年1～2次，可在产后20天和妊娠3个月前，或在出产房时进行。定期削蹄可有效预防本病的发生。

四、产科病

1. 流产

流产是指由于胎儿或母体异常而导致妊娠的生理过程发生扰乱，或它们之间的正常关系受到破坏而导致的妊娠中断。

◆发病原因　流产的原因较复杂，除了因传染性疾病引起的以外，大多是饲养管理不当造成的。非传染性流产的原因主要有以下几点：

①胎儿及胎膜异常。包括胎儿畸形或胎儿器官发育异常，胎水过多或过少，胎盘炎，胎盘畸形或发育不全等。

②母牛的疾病。大失血或贫血，生殖器官疾病或异常（子宫内膜炎、子宫发育不全、子宫颈炎、阴道炎、黄体发育不良）等。

③饲养管理不当。母牛长期饲料不足而过度瘦弱，饲料单纯而缺乏某些维生素和无机盐，饲料腐败或霉败，采食了有毒物质，大量饮用冷水或带有冰碴的水，吞食多量的雪，饲喂不定时而母牛贪食过多等。

④机械性损伤。剧烈的跳跃，因地面光滑跌倒，抵撞，蹴踢和挤压，以及粗暴的直肠或阴道检查等。

⑤药物使用不当。使用大量的泻剂（如硫酸镁等）、利尿剂、麻醉剂和其他可引起子宫收缩的药品（如胃肠通等）。

⑥习惯性流产。有的母牛妊娠至一定时期就发生流产，这种习惯性流产多半是由于子宫内膜变性、硬结及瘢痕，子宫发育不全，近亲繁殖或卵巢机能障碍所引起。

◆临床诊断　流产发生突然，流产前一般没有特殊的症状，或有的在流产前几天有精神倦怠、阵痛起卧、阴门流出胎水、努责等症状。

怀孕1个月内的流产一般是隐性流产，胚胎死亡，被母体吸收，或者在发情时随尿排出体外而未被发现，而牛往往表现为发情周期延长。40天以上的早期怀孕有时仔细观察可以发现有排出胎儿和胎膜。如果发生在怀孕后期，因受损伤程度不同，胎儿多在受损伤后数小时至数天内排出。

◆防治措施　防治流产的原则是，在可能的情况下，制止流产的发生；当不能制止时，应尽快促使死胎排出，以保证母牛及其生殖道的健康不受损害；然后分析流产发生的原因，根据具体原因提出预防方法。及时治疗胎衣不下及其他产后疾病。为防止习惯性流产，可在发生流产前的1个月开始注射黄体酮50～100毫克。加强检疫工作，避免因传染性疾病引起的流产。

2. 孕畜截瘫

孕畜截瘫又称产前截瘫，是妊娠末期孕畜既无导致瘫痪的局部因素（如腰、臀部及后肢损伤），又无明显的全身症状，但后肢不能站立的一种疾病。

◆发病原因　饲养不当，饲料不足，钙、磷等矿物质及维生素缺乏，缺乏运动，以及母牛过早交配或胎儿过大，胎水过多，严重的子宫捻转、腹膜炎、酮血病，后肢肌腱及关节损伤。

◆临床诊断　一般在分娩前1个月左右逐渐出现运动障碍。最初仅见站立时无力，两后肢频频交换负重，后躯摇晃无力，步态不稳，起立困难，以后终于卧地不能站立。有时可能因行走不稳而滑倒后发病。

◆治疗　给予易消化的优质饲料，补足磷酸氢钙或石粉或乳酸钙。药物治疗应以10%葡萄糖酸钙溶液200～500毫升，或10%氯化钙溶液100～300毫升，静脉注射，为了促进钙盐的吸收，每隔5～6天，肌内注射维生素D_3 10～15毫升，以2～3次为宜。

病牛不能起立时，应多铺垫草，经常翻动牛体，按摩四肢。病牛有站立可能时，为避免滑倒，应将其抬起，可用腹带、充气垫等。

◆预防　孕牛的饲料中应含有足够的钙、磷等矿物质，精、粗饲料要合理搭配，保证孕牛的营养需要。母牛不能过早交配，应适当运动，冬季舍饲牛应多晒太阳，在产前一个多月保证吃上青草及青干草，预防母牛截瘫效果良好。

3. 母牛异常引起的难产

（1）阵缩及努责微弱

分娩时子宫肌及腹肌收缩力弱和时间短，以致不能排出胎儿称为阵缩及努责微弱。

◆发病原因　母牛年老体弱，饲料不足或品质不良，缺乏运动等可发生本病。胎水过多、双胎妊娠及子宫发育不全等，可继发本病。

◆临床诊断　母牛已到分娩期，并且有分娩前的表现，但阵缩及努责弱而短，分娩时间长而排不出胎儿，有时分娩现象很不明显。检查阴道时子宫颈完全开张，子宫颈黏液塞已软化，在子宫颈前即可摸到胎儿。继发性病例的症状则是已出现正常分娩的阵缩及努责，但未排出胎儿，以后阵缩及努责变为微弱而出现难产。

◆助产方法　对原发性病例，如果子宫颈完全开张应按助产的一般方法，缓慢地拉出胎儿。当胎儿的胎势、胎向及胎位正常时，可用子宫收缩药，例如催产素注射液100单位，肌内注射。当用子宫收缩药无效、子宫颈开张不全和无法拉出胎儿时，应施行剖宫产术。

对继发性病例，如果是发生在难产之后，即按难产的助产原则，排除原因和拉出胎儿。

（2）阵缩及努责过强

阵缩及努责过强是指子宫肌及腹肌收缩时间长，力量强但间歇短的情况。

◆发病原因　应用麦角类子宫收缩剂、乙酰胆碱分泌过多及破水过早等，可引起阵缩及努责过强。由于胎势、胎向及胎位不正，胎头过大或产道狭窄等也可引起此病。

◆临床诊断　分娩时母牛努责强烈，有时过早排出胎水。胎儿无异常时可被迅速排出，但往往发生子宫脱。在胎势、胎向及胎位不正，胎儿过大或产道狭窄时，由于阵缩及努责过强，不仅胎儿易发生窒息，而且易造成子宫或阴道破裂。

◆助产方法　为了减弱和制止阵缩及努责，简单的方法是缓慢牵遛母牛15分钟左右，或用指端掐其背部皮肤，可收到暂时效果。母牛卧地时宜垫高后躯，必要时也可应用镇静剂，如口服白酒800～1 000毫升。阵缩和努责减弱或停止后，如果因胎儿异常或产道狭窄造成难产的，宜进行助产。

（3）阴门及阴道狭窄

阴门或阴道的狭窄，都可妨碍胎儿正常娩出。

◆发病原因　引起阴门及阴道狭窄的主要原因有：初产母牛阵缩过早，产道组织浆液浸润不足以及阴门和阴道壁弹性不够；助产操作过久，造成阴道壁高度水肿；阴道及阴门有瘢痕和肿瘤。

◆临床诊断

①阴门狭窄。分娩时阴门扩张不大，在强烈努责时，胎儿唇部和蹄尖出现在阴门处而不能通过，外阴部被顶出，但在努责的间歇期外阴部又恢复原状。由于努责过强会引起会阴破裂。

②阴道狭窄。阵缩及努责正常，但胎儿久不露出产道。阴道检查时可发现狭窄的部位及其原因，在其前部可摸到胎儿。

◆助产方法

①试行拉出胎儿。首先在阴门黏膜上涂布或向阴道内灌注滑润油或温肥皂液，然后应用产科绳缓慢牵拉胎头及前肢。此时助产者尽量用手扩张阴道，如果有肿瘤，要用手将它推开。

②切开狭窄部。如果试拉胎儿无效，应切开阴道狭窄部的阴道黏膜，拉出胎儿后立即缝合。对于阴门或阴道内的较大肿瘤，如果妨碍胎儿产出，须切除或者施行截胎术。

4. 胎儿异常引起的难产

难产通常是由于胎儿或母牛异常，造成胎儿和母牛产道不相适应，但常见的难产主要是胎儿本身异常所引起的。对这种难产的处置方法是：

①推进胎儿。推进是为了更好地拉出。为了便于推进胎儿，必须向子宫内灌注多量的温肥皂液或石蜡油或清油，然后用手或产科梃抵在胎儿的适当部位，趁母牛不努责时，用力推回胎儿。如果努责过强无法推回时，根据情况可行全身半麻醉后再做适当处理。

②矫正胎儿。主要是设法矫正胎儿异常部位。方法是在用手推进胎儿的同时，立即拉正异常部位，或者设法将产科绳套在胎儿的异常部位，在助产者推进胎儿的同时，由助手拉绳矫正。

③拉出胎儿。当胎儿已成正常胎势、胎向或胎位时，或者异常部位的程度较轻时，就可用手握住蹄部，必要时可用产科绳拴上，同时用手拉住胎头，随着母牛的努责把胎儿拉出来。

对于因胎儿过大、双胎难产、胎儿发育异常、畸形胎导致的难产，如按上述方法进行相应的助产后仍不能达到目的，可考虑施行截胎术或剖腹产术。

5. 生产瘫痪

生产瘫痪也称产乳热、产后风、乳热症、临床型低血钙症，主要是奶牛产后突然发生的严重缺钙的代谢障碍性疾病。本病以病牛低血钙、知觉丧失、四肢瘫痪、全身肌肉无力为特征。

◆发病原因　目前有关本病发生原因的解释较多，但病牛血钙水平明显降低及大脑皮质缺氧，与本病的发生最为密切。

◆临床诊断　多发生于3~6胎的高产母牛。按临床表现。分为典型和非典型两种。

①典型的生产瘫痪。多发生在产后12~72小时，病初呈现精神沉郁，食欲减退或废绝，反刍停止，产乳减少。肌肉震颤，站立不稳，口流清涎，头颈下垂，运步失调，体躯摇晃。有的病牛以兴奋开始，狂躁、哞叫，目光凝视。初期症状发生后数小时，就出现瘫痪症状，病牛伏卧，四肢弯曲于胸腹之下，头颈弯向胸腹壁的一侧，即使将头拉直，松开后仍回复原状。不久，病牛昏迷，意识和知觉丧失，瞳孔散大，眼睑反射减弱或消失，针刺皮肤无反应。呼吸深而缓慢，有的病牛体温可降至36℃或35℃。

②非典型的生产瘫痪。多发生于产前或分娩后数日以至数周。病牛全身无力，步行不稳。精神沉郁，食欲不振或废绝，反

刍和泌乳下降或停止，各种反射减弱。体温一般正常或不低于37℃。其主要特征是病牛卧地时，头颈姿势不自然，由头部至鬐甲呈轻度S形弯曲。

◆治疗　本病的特效疗法是静脉注射大剂量钙制剂或乳房送风法。

①钙制剂疗法。本治疗方案应该请兽医诊断后治疗处理。静脉注射10%葡萄糖酸钙注射液800～1 000毫升，或5%葡萄糖氯化钙注射液600～1 200毫升，也可用20%硼葡萄糖酸钙溶液，可迅速提高血钙浓度，使病牛恢复正常。药用量应根据个体大小、病情轻重、血钙降低程度、心脏状况来选择。注射时一定要监听心脏，不可速度过快。有的病牛在初次治愈后，疗效还不巩固，可能会复发。因此，通常需要在1～2天内注射维持剂量（为突击量的1/3～1/2）。

②乳房送风法。用常用的家用打气筒向四个乳头内打气，直至乳房鼓胀、敲打呈鼓音为止，打完气后用胶布封住乳头管口，保持6小时以上，然后拆除胶布。最好在打气前向乳头注射少量抗生素，每个乳头内10毫升，可预防感染。

◆预防

①母牛分娩后的3天内，只要挤够喂犊牛的奶量即可。高产奶牛饲养上采用产前低钙、产后高钙的措施，即在干奶后期，减少豆饼和苜蓿草喂量，最好增加禾本科牧草（如苏丹草、羊草）的量，钙磷比例保持在（1～1.5）：1，每日钙量在100克以下，分娩后钙量增加到125克以上；产前2周，减少高蛋白饲料，并补充维生素A、维生素D_3粉剂，或者在饲料中添加阴离子盐，有很好的预防效果。

②临产前1周至产后1周，对曾发生过产后瘫痪、难产，年老、体弱、高产和食欲不振的牛加强看护，经检查体温正常者，用糖钙疗法处理。

糖钙疗法有两种。方法 1 是对临产前母牛，用 25% 葡萄糖注射液 1 000 毫升，10% 安钠咖注射液 30 毫升，10% 葡萄糖酸钙注射液 1 000 毫升，静脉注射 1 ~ 2 次。方法 2 是对产后母牛，在方法 1 的基础上加上常规量的地塞米松（20 毫克）和 2% 盐酸普鲁卡因 30 毫升，静脉注射 1 ~ 2 次。

6. 产后截瘫

产后截瘫主要包括两种情况，一种的特征是母牛在产后后躯不能起立，这是由于后躯神经受损而引起的；另一种是钙、磷及维生素 D 不足引起的，和孕牛产前截瘫基本相同。

◆发病原因　除了“孕畜截瘫”中所述原因外，难产时间过长，或强行拉出胎儿，导致挫伤坐骨神经和闭孔神经，或者发生骨盆韧带及荐骨的损伤，也能引起母牛后肢不能站立。这些情况常发生在分娩过程中，但在产后才出现临床症状。

◆临床诊断　产后截瘫和产前截瘫的症状相同，病牛全身状态基本正常，分娩后体温、呼吸、脉搏、食欲和反刍等均无明显异常，但不能站立。即使抬起病牛也不能站立，尤其表现后躯无力。针刺后躯各部反应均正常。

◆防治措施　产后截瘫的治疗与产前截瘫基本相同。临床实践证明，配合用针灸或电针百会、肾俞、肾棚、环跳、大胯、小胯、汗沟及邪气等穴，同时穴位注射维生素 $B_1$200 毫克，有一定疗效。一般此病发生后治疗比较麻烦，而且治愈率不高。

难产时不能强行拉出胎儿。要防止由于地面光滑而摔倒，造成母牛韧带和神经的损伤。并尽量预防此病的发生。

7. 阴道脱出

阴道的一部分或全部脱出于阴门之外，称为阴道脱出。本病以奶牛多见，多发生于怀孕的后期，以年老体弱的母牛发病率较高。

◆发病原因　妊娠母牛年老经产，衰弱，缺乏钙、磷等矿物质，运动不足，常导致骨盆韧带及其邻近组织松弛，阴道腔扩张，壁松软，腹腔压力增大，可引起阴道脱出。此外，怀孕后期，胎盘分泌过多雌激素，或卵巢囊肿时产生大量雌激素，可使骨盆内固定阴道的组织和韧带松弛。产后怒责过强也可继发本病。

◆临床诊断　阴道部分脱出时，母牛卧地时可见到有一鹅蛋或拳头大的粉红色瘤状物夹在两侧阴唇之中，或露出于阴门之外，站立时缓慢自行缩回。若病因未除，加上母牛持续努责，则继发阴道完全脱出。母牛每到怀孕后期均发生此病者，称为习惯性阴道脱出。

阴道完全脱出时，可看到形如排球至篮球大的球状物突出于阴门外，站立后，脱出部分不能缩回。有的病牛，甚至膀胱也通过尿道外口向外翻出来。病牛常表现不安、拱背、努责，时做排尿姿势。脱出的阴道呈粉红色，时间较久因淤血而逐步成为紫红色肉冻状，表面常有污染的粪土，进而出血、干裂、结痂、糜烂等，可能引起直肠脱出、胎儿死亡和流产。

◆治疗　发生此病要请兽医及时整复处理并且对症治疗。

①保守疗法。对站起后能自行恢复的阴道部分脱出，特别是快要生产的病牛，治疗时首先是防止脱出的部分继续扩大和受到损伤，这种病牛分娩后多能自愈。对患牛站起后不能自行缩回的

阴道部分脱出和全部脱出，则应及时整复，并加以固定。

②手术疗法。适用于阴道完全脱出和不能自行缩回的部分脱出。整复前先使牛处于前低后高的态势，在牛床的可在后部垫草袋等物以抬高牛后躯。对脱出的部分清洗消毒，切忌动作粗鲁引起损伤，对出现水肿淤血者，事先加以处理，如有破口须用肠线缝合。整复送回前可先戴长臂塑料手套，用消毒纱布托起阴道，先从靠近阴户侧开始推送，直至完全整复，如努责强烈，妨碍整复，应先在荐尾间隙硬膜外麻醉，注意对孕牛子宫颈内黏液塞的保护，以免遭到破坏和污染。

为了防止阴道再次脱出，整复之后都应加以固定。

◆预防　对妊娠母牛加强饲养管理，舍饲牛要适当增加运动，病牛少喂容积过大的粗饲料，给予容易消化的饲料。及时防治便秘、腹泻、瘤胃臌气等病。

8. 子宫套叠及脱出

子宫的一部分或全部翻转，脱出于阴道内或阴道外，称为子宫脱。根据脱出程度可分为子宫套叠及完全脱出两种，通常发生于产后数小时内。

◆发病原因　孕牛饲养不良、运动不足、瘦弱或为经产老龄母牛，以及胎儿过大、胎水过多、子宫弛缓，均可引发本病。助产时产道干燥而迅速拉出胎儿，或胎衣不下时胎衣上坠以重物或翻拉胎衣，或产后强烈努责，都易发生本病。

◆临床诊断　子宫套叠时，从外表不易发现。母牛产后表现不安、努责、举尾等类似腹痛的症状。阴道检查可发现子宫角套叠于子宫或阴道内，不能复原时，易发生粘连和顽固性子宫内膜炎，导致不孕。

子宫完全脱出时，从阴门脱出长椭圆形的袋状物，往往下垂到跗关节上方。脱出的子宫表面有鲜红色乃至紫红色的散在疙瘩状母体胎盘，且多被粪土污染和摩擦出血。时间一久，脱出的子宫易发生淤血和水肿，受损伤及感染时可继发大出血和败血症。

◆治疗　治疗时要及时请兽医整复还纳子宫以及对症治疗，以避免不必要的损失。尤其是在寒冷的冬季和炎热的夏季，如果不及时处理，病牛都会被淘汰。

①子宫套叠。必须立即整复。使牛后躯处于前低后高，术者手上涂润滑油后，伸入阴道及子宫内，轻轻向前推压套叠部分，必要时将并拢的手指伸入套叠部的凹陷内，左右摇动向前推进，常可使其复原。有时用生理盐水或 0.1 % 高锰酸钾液灌注子宫，借水的压力可使子宫角复原，但灌进的液体应及时排出。

②完全脱出。病牛宜垫高后躯，用 0.1% 高锰酸钾液洗净脱出子宫，并用 2% 明矾水洗涤和浸泡，然后涂上碘甘油，子宫黏膜有创口时应缝合。

整复时由助手用大毛巾或塑料布将子宫托至与阴门同高。术者用纱布包住拳头或戴一次性塑料长臂手套，顶住子宫角的末端，趁母牛不努责时，小心向阴道内推送。也可从子宫角基部开始，用两手从阴门两侧一部分一部分地向阴道内推送，在换手时，助手应压住已推入的部分。当子宫已送入阴道后，必须用手将它推到腹腔，使之复位。如果母牛努责强烈影响整复，须行荐尾间隙硬膜外麻醉或全身浅麻醉，整复后向子宫内投入抗生素，肌内注射促进子宫收缩的药物，如催产素等，同时进行对症治疗，强心补液。

整复后将母牛系于前低后高的地面上，注意看护。如母牛仍有努责，为了防止重新脱出，可在阴门上角至中部做 2 ~ 3 个圆枕缝合，或在阴门周围进行袋口缝合。2 ~ 3 天后母牛不努责时，便可拆线。

脱出子宫发生破裂、大面积损伤或发生坏死时，为了挽救母牛生命，可施行子宫截除术。

◆预防　孕牛要适当运动，提供合适的营养，临产前和产后对瘦弱和经产老龄母牛要补糖补钙。助产时要进行产道的润滑，并且按照助产原则进行操作，妥善处理胎衣不下。

9. 子宫复旧不全

分娩后，子宫恢复至未孕状态的时间延长，即为子宫复旧不全或子宫弛缓。

◆发病原因　年老，体弱，肥胖，运动不足，胎儿过大，胎水过多，多胎怀孕，难产时间过长等，均可引起本病。胎衣不下及产后子宫内膜炎常继发本病。

◆临床诊断　产后恶露排出时间大为延长（超过 20 天），产后第一次发情的时间也延迟，开始发情时，配种不易受孕。病牛全身状况一般无异常，有时体温略升高，精神不振，食欲及产奶量稍减。阴道检查可见子宫颈弛缓、开张，产后 14 天还能通过 1 ~ 2 指。直肠检查可见子宫体积较产后期的要大，子宫下垂，壁厚而软，收缩反应微弱；若子宫腔内留存有大量液体，触诊可有波动感；有的还可摸到未完全萎缩的母体子叶。常继发慢性子宫内膜炎。

◆治疗　应增强子宫收缩，促使恶露排出，防止发生慢性子宫内膜炎。可肌内注射催产素、雌激素，促进子宫收缩，然后用 40 ~ 42℃的 10% 盐水冲洗子宫，可以增强子宫收缩。冲洗液量应根据子宫大小来确定，不可过多，反复冲洗 2 ~ 3 次，尽量导出冲洗液后灌入抗生素。

◆预防　保证产后母牛的适当运动，加强营养，合理助产。

预防胎衣不下及产后子宫内膜炎的发生。

10. 胎衣不下

母牛分娩后，经过 12 小时仍不排出胎衣，即为胎衣不下或胎衣滞留。正常情况下，胎衣排出的时间奶牛一般为 4～6 小时，水牛为 4～5 小时，黄牛为 3～5 小时。胎衣不下易引起子宫内膜炎和子宫复旧延迟，导致不孕，给养牛业造成极大的经济损失。

◆发病原因　引起胎衣不下的原因很多，主要与产后子宫无力，胎盘未成熟或老化，胎盘充血和水肿，胎盘炎症以及牛的胎盘构造等有关。

◆临床诊断　胎衣不下分为部分不下和全部不下。

①胎衣部分不下。胎衣的大部分已排出，只有一部分或个别胎儿的胎盘留在子宫内，如不仔细检查排出的胎衣，往往不易察觉。但几天后，腐败的胎衣碎片和恶露一同排出来，并且恶露排出时间延长，有臭味。大多数胎衣部分不下的病例并发黏液脓性子宫内膜炎。

②胎衣全部不下。整个胎衣未排出来，只见部分已分离的胎衣悬吊于阴门外。露出的部分呈土红色，表面有许多大小不等的子叶。严重子宫弛缓时，全部胎衣可能都滞留在子宫内，有时悬垂于阴门外的胎衣可能断离，阴道检查才能发现子宫内滞留的胎衣。

◆治疗　产后 10 小时胎衣不下即可处理，夏季可在产后 7 小时处理，其治疗原则是抑菌，消炎，促使胎衣排出。

①促进子宫收缩。肌内注射催产素（缩宫素）100 单位，在产后 6～12 小时注射。

②10% 葡萄糖酸钙与 25% 葡萄糖各 500 毫升，氢化可的松

125～150 毫克，静脉注射。

③子宫内注入 10% 高渗盐水 1 000 毫升，促进子宫收缩。土霉素 2 克，溶于生理盐水 250 毫升中，一次灌入子宫，隔日一次，常于 5～7 天后胎衣自行分解脱落。或者向子宫投入土霉素 15～20 片。

◆预防

①供应平衡日粮，适当运动，保证充分的光照。

②加强兽医消毒卫生，临产牛自然分娩时避免各种应激，助产应严格消毒，凡有流产发生，应查明原因。

③补糖补钙。对高产、老龄、有胎衣不下病史的母牛，在产前 3～5 天，用 20% 葡萄糖酸钙与 25% 葡萄糖各 500 毫升，静脉注射，隔日一次。

④产后肌内注射催产素 100 单位，产后 6 小时内使用，与雌激素共用有协同作用。

⑤肌内注射亚硒酸钠维生素 E，预产前 15 天、30 天，可使用亚硒酸钠 10 毫克、维生素 E 5 000 单位，一次肌内注射。产前 7 天开始，肌内注射维生素 AD 注射液 100 毫升，每日一次，直到分娩。

⑥产前 2 小时静注 10% 葡萄糖酸钙 500 毫升可促使胎衣脱落。

⑦当分娩破水时，可接取胎水 300～500 毫升，于分娩后立即灌服，可促使子宫收缩，加快胎衣排出。

11. 乳房水肿（乳房浮肿）

乳房水肿（乳房浮肿）是乳房的浆液性水肿，特征是乳腺间质组织液体过量蓄积。奶牛多发，尤其第一胎及高产奶牛发病较多。

◆发病原因　尚不明了，已证实乳房水肿与乳静脉血压显著升高，乳房血流量减少有关。此外，血浆雌激素与孕激素含量，摄入过量的钾，低镁血症等也与本病有关。

◆临床诊断　一般是整个乳房的皮下及间质发生水肿，以乳房下半部较为明显。也有水肿局限于两个乳区或一个乳区的。皮肤发红光亮，无热无痛，指压留痕，形如在生面团上指压所留痕迹。严重的水肿可波及乳房基底前缘、下腹、胸下、四肢和阴门。

根据病史和症状不难诊断，但需与乳房血肿、腹部疝、乳房炎进行鉴别。

◆治疗　没有特效疗法，病程长和严重的病例需用药物治疗，主要是使用强心利尿剂。速尿（呋喃苯胺酸）500 毫克，10% 安钠咖注射液 20～30 毫升，肌内注射。

◆预防　产前乳房出现的肿胀一般在产后 7～10 天逐渐消肿，不需治疗。可以适当增加运动，每天 3 次按摩乳房和冷热水擦洗，减少精料和多汁饲料，适量减少饮水等，对于初产牛产前 3 周可以适当减少食盐的摄入量，这些措施都有助于水肿的消退。

此病易发生于头胎牛，若在寒冷的冬季发生乳房浮肿，易造成乳头末梢冻伤，从而导致乳房炎。因此，冬季发生乳房浮肿时要特别注意保暖。

12. 乳房炎

乳房炎是由各种病因引起的乳房的炎症，其主要特点是乳汁发生理化性质及细菌学变化，乳腺组织发生病理学变化。此病主

要发生于泌乳奶牛，是奶牛业常见的四大疾病之一，造成很大的经济损失。

◆发病原因　本病主要是由于病原菌侵入乳房而引起。母牛饲养管理不当，挤奶方法不对，乳头皮肤及其黏膜损伤，挤奶时不注意清洁卫生，用机器挤奶时没有按照挤奶操作规程进行操作，母牛生殖道患病，渗出物污染乳头等，均可引发本病。尤其是产后母牛在寒冷、不良的饲养管理等因素作用下，容易发生乳房炎。

◆临床诊断

①临床型乳房炎。乳房出现红、肿、热、痛、机能障碍的炎症症状。患病乳房肿胀，坚硬、增温；乳房的机能障碍突出地表现为乳汁量及质的变化，即乳汁减少或消失；乳汁稀薄，含有絮状物、凝块或脓汁。若不及时治疗，可能转成慢性乳房炎。热痛消失，体积缩小变硬，乳头基部常形成结节，仅能挤出少量乳汁或完全停奶，造成乳头损坏，俗称“瞎乳头”。病牛有时出现精神沉郁、食欲减退、体温升高等全身症状，患侧后肢步态异常。

②隐性乳房炎。乳房和乳汁均无肉眼可见的变化，但引起产奶量减少，奶品质下降，往往会转变为临床型乳房炎。

③慢性乳房炎。本病通常由于急性乳房炎没有及时处理，或由于持续感染而使乳腺组织渐进性发炎而引起。一般临床症状不明显，全身情况也无异常，但产奶量下降。可发展成临床型乳房炎，反复发作也可导致乳腺组织纤维化，乳房萎缩。这类乳房炎治疗价值不大，可能成为牛群中一种感染源，宜及早淘汰。

◆治疗　乳房炎的治疗主要是针对临床型乳房炎，对隐性乳房炎则主要是控制和预防，对慢性乳房炎以淘汰为主。抗生素仍是治疗乳房炎的首选药物，其次是磺胺类药，要注意药物注射后的弃奶期。乳房炎越早治疗效果越好。

①全身抗生素疗法。对所有出现全身反应的乳房炎，应该采

用全身抗生素疗法。乳房严重肿胀，难以进行乳房内灌注时也可采用全身抗生素疗法。采用全身抗生素疗法时，可采用大剂量抗生素，其药品及每千克体重的剂量如下：土霉素 10 毫克，泰乐霉素或红霉素 12.5 毫克，磺胺二甲嘧啶 200 克。其中土霉素及泰乐霉素由于抗菌谱广、扩散能力强而效果很好。

②乳房灌注疗法。乳房灌注疗法方便有效，为了使药物在乳房内停留的时间尽可能长些，可在挤奶之后进行灌注。泌乳奶牛常用的灌注药物及剂量为：青霉素 160 万单位和链霉素 80 万单位，土霉素 200～400 毫克，金霉素 200 毫克，螺旋霉素 250 毫克。药物溶解后用注射器借乳导管或通乳针进入乳头管 2 厘米即可注入，一定要严格注意消毒，杜绝将细菌、真菌等引入乳区，最好一个乳区用一个通乳针，避免交叉感染。最后按摩乳头基部和乳房，每日 2 次，连续 2～4 天。

③干奶牛疗法。对慢性乳房炎可在干奶期治疗，其疗效高于泌乳期，而且没有奶的丢弃等损失。建议在最后一次挤奶或在干奶期起始或终末时采用长效抗菌素灌注乳房，或选用干奶针乳区注入。此外，干奶期治疗也是预防乳房炎十分重要的措施之一。

④中药疗法。常用方剂有金蒲汤和公英地丁汤。

金蒲汤：金银花 80 克，蒲公英 90 克，连苕 30 克，紫花地丁 80 克，陈皮 40 克，青皮 40 克，甘草 30 克，白酒为引，水煎去渣，取汁内服，每日一剂。

公英地丁汤：蒲公英 150 克，地丁 150 克，金银花 80 克，连翘 70 克，乳香 50 克，没药 50 克，青皮 50 克，当归 50 克，川芎 30 克，通草 40 克，红花 40 克，水煎灌服，每日一剂。

◆预防　乳房炎是一种传染性疾病，其发生不仅与病原菌的侵入、繁殖有关，而且受多种因素影响，如环境卫生的好坏，管理制度是否健全，以及挤奶人员的操作优劣等。只有制定比较合理的预防措施，长期坚持，才能将乳房炎的发病率控制在最低限

度。现归纳如下：

①挤奶卫生。保持优良的环境与牛体清洁是防治措施的关键。母牛要整体清洁，尤其是乳房要清洁、干燥，乳头在套上挤奶杯前，用最少量的水冲洗，用纸巾清洁和擦干。

②乳头浸浴。乳头药浴是控制奶牛乳房炎的主要措施之一，它在一定程度上可以减少环境等的感染。在每次挤奶前、后各进行一次，浸液的量不要多，但要能浸没整个乳头。药浴液要经常更换，药浴杯要防止条件性细菌污染。

③干奶期预防。在泌乳期末，每头母牛的所有乳区都要应用长效抗生素（或专用干奶药物），注入药物之前要清洁乳头，乳头末端不能有感染。

④淘汰慢性乳房炎病牛。这些病牛不仅产奶量低，而且从乳中不断排出病原微生物，已成为感染源。

⑤定期检查挤奶机的性能。要保持挤奶机的真空稳定性和正常的脉动频率，保持挤奶杯的清洁，定期对挤奶机进行维修与保养，及时更换易损坏的挤奶杯“衬里”。

总之，乳房炎是在环境、微生物和牛体三者所构成的连锁环作用下发生的，缺一不可。其中以环境因素更为重要，可通过及时清扫牛舍，牛床铺上沙子、锯末或垫草，运动场设排水设施，及时排除污水，保持干燥，给牛提供一个舒适、干净的环境。定期进行环境消毒，杀灭致病微生物。也能通过加强饲养管理，日粮中添加亚硒酸钠—维生素 E 和维生素 A，使奶牛机体健康、强壮，以提高奶牛对病原体感染的抵抗力，从而最大限度地降低乳房炎的发病率。乳房炎的预防只能采取综合措施才有效。而综合措施的实施也必须要天天进行，持之以恒。

13. 酒精阳性乳

酒精阳性乳是指新挤出的牛奶在20℃下与等量的70%(68%～72%)酒精混合，轻轻摇晃，产生细微颗粒或絮状凝块的乳的总称。根据酸度差异分为高酸度酒精阳性乳和低酸度酒精阳性乳。酒精阳性乳列为生化异常乳，为不合格乳，给奶业造成较大经济损失。

◆发病原因　目前尚不完全清楚，低酸度酒精阳性乳可能与日粮中蛋白质含量过高，饲料发霉变质，饲料中缺乏无机盐，气温异常变化，应激反应等有关。

◆临床诊断　患酒精阳性乳的病牛精神、食欲正常，乳房、乳汁无肉眼可见的变化，仅乳汁酒精试验呈阳性反应。持续时间短的3～5天，长的7～10天，有的可自行转为阴性，有的可持续1～3个月，或者反复出现。

◆治疗　原则是调节机体全身代谢，解毒保肝，改善乳腺机能。

①内服柠檬酸钠150克，连服7天；磷酸二氢钠40～70克，每日1次，连服7～10天；丙酸钠150克每日1次，连服7～10天。

②静脉注射10%氯化钠液500毫升，5%碳酸氢钠液500毫升，5%～10%葡萄糖注射液500毫升。

③挤奶后给乳房注入0.1%柠檬酸液50毫升，每日1～2次；或者注入1%苏打液50毫升，每日2～3次；内服碘化钾8～10克，每日1次，连服3～5天。

◆预防　日粮要平衡，精粗料比例合适。在泌乳各阶段，饲料多样化，尽量保证维生素、矿物质和食盐等的供应，添加微量

元素或应用舔砖。做好饲草料的储存保管工作，避免饲喂发霉变质饲料。尤其在气温骤降或高温高湿情况下，做好保温和防暑工作。如果是高酸度酒精阳性乳，要分析原因，进行规范化的挤奶操作，严格清洗贮奶罐，按要求做好牛奶的贮存和运输工作。

14. 卵巢机能减退

卵巢机能减退是卵巢的机能暂时受到扰乱，以致出现不完全发情周期；或者处于静止状态，不出现发情的现象。

◆发病原因　本病常常是由于子宫疾病、全身性的严重疾病以及饲养管理不当（长期饥饿、哺乳过度），使身体乏弱所致。此外，卵巢炎、母牛过早衰老也可引起本病。

◆临床诊断　根据卵泡发育及发情表现情况，卵巢机能减退可有以下几种类型，其症状各不相同。

①卵泡发育异常。母牛出现发情或发情延长，卵巢中有成熟卵泡，但不排卵或经过数日后才可能排卵，呈现排卵延迟。发情正常或微弱或延长，卵巢中有停滞于不同发育阶段的卵泡，并逐渐缩小，发生卵泡萎缩。有的卵泡交替发育。有的不发情或发情微弱，在一侧或两侧卵巢中有两个或几个小卵泡，出现多卵泡发育的卵泡。

②静默发情。又称为隐性发情。卵巢有卵泡发育，并能成熟排卵，但母牛无发情的外在表现。

③卵巢静止。卵巢机能受到扰乱，处于静止状态。母牛不发情，卵巢大小正常，有弹性，无卵泡或黄体。

④卵巢萎缩。母牛久不发情，卵巢缩小并稍变硬，无卵泡和黄体，卵巢缩小如手指头大。随着卵巢组织的萎缩，子宫往往也萎缩。

◆治疗　通常采用激素疗法，效果较好。

①促性腺激素释放激素（GnRH）类似物。用于治疗牛卵巢静止和排卵迟延，肌内注射200~400微克，每天1次，可连续2~3天。卵巢静止的牛，一般在用药后1个月内恢复正常发情；排卵迟延的牛，一般于用药后6~12小时排卵。

②垂体促卵泡素（FSH）。具有促使卵泡发育、成熟的作用。牛肌内注射100~200单位，隔日1次，连用2~3次，至出现发情为止。适用于卵巢静止、卵泡发育停滞、卵泡交替发育和萎缩等症。

③垂体促黄体素（LH）。当卵泡发育接近成熟或已成熟，而排卵延迟或不排卵时，牛每次肌内注射100~200单位，可促其排卵。

④绒毛膜促性腺激素（HCG）。治疗卵巢静止或卵巢萎缩，静脉注射2 500~5 000单位，或肌内注射1万~2万单位，隔7天检查1次，有黄体时，再注射前列腺素，发情后就可以配种。对于近成熟或已成熟的卵泡不排卵，或卵泡交替发育时，一次肌内注射4 000~5 000单位，有良好效果。有少数病例重复注射可能发生过敏反应，应慎用。

⑤孕马血清。肌内注射1 000~2 000单位，其主要作用类似于促卵泡素。

◆预防　加强饲养管理，利用公牛进行催情，改善饲养环境，做好防寒保暖工作。

15. 卵巢囊肿

卵巢囊肿是指卵巢上有卵泡状结构，其直径超过2.5厘米，存在的时间在10天以上，同时卵巢上无正常黄体结构的一种病

理状态。本病一般可分为卵泡囊肿和黄体囊肿。特征是慕雄狂或不发情。

◆发病原因　尚不完全清楚。与围产期的应激因素有关，在双胎分娩、胎衣不下、子宫炎及产后瘫痪的病牛中，卵巢囊肿发病率高。饲养不当，饲料中缺乏维生素 A 或含有大量雌激素时，发病率高。

◆临床诊断　卵泡囊肿病牛的性行为有明显变化。发情周期之间的间隔变短而且不规则，而发情期延长，或者出现持续而强烈的发情现象，称为慕雄狂。病牛极度不安，大声哞叫，食欲减退，频繁排尿，经常追逐或爬跨其他母牛，但拒绝其他牛的爬跨。病牛性情凶恶，有时攻击人畜。直肠检查时通常可发现卵巢增大，在卵巢上有 1 个或 2 个以上的大囊肿，略带波动，也可用 B 超检查。

黄体囊肿的主要表现是母牛不发情。直肠检查时，卵巢体积增大，可摸到带有波动的囊肿，也可用 B 超检查。为了鉴别诊断，可间隔 7 ~ 10 天进行复查，如超过一个发情期以上没有变化，母牛仍不发情，可以确诊。

◆治疗

①垂体促黄体素（LH）。无论卵泡囊肿还是黄体囊肿，1 次肌内注射 200 ~ 400 单位，一般 3 ~ 6 天后囊肿症状消失，形成黄体，15 ~ 30 天恢复正常发情周期。如用药 1 周后未见好转，可第二次用药，剂量比第一次稍增大。

②促性腺激素释放激素（GnRH）类似物。每次肌内注射 200 ~ 600 微克促排 2 号或 3 号，每日 1 次，可连用 1 ~ 4 次，但总量不得超过 3 000 微克，一般在用药后 15 ~ 30 天内，囊肿逐渐消失而恢复正常发情排卵。经 GnRH 治疗后，囊肿通常发生黄体化，后与正常黄体一样发生退化。因此，同时可用前列腺素类似物（如氯前列烯醇）进行治疗，促使黄体尽快萎缩消退。

③绒毛膜促性腺激素（CG）。静脉注射 2 500～3 000 单位或肌内注射 5 000～10 000 单位，溶于 5 毫升蒸馏水中。

④孕酮（P_4）。每天 50～100 毫克黄体酮，连用 14 天，可以使病牛恢复发情周期，但预后的受胎率比用 GnRH 治疗低。

◆预防

①选育。选择后代发病率低的公牛配种，多次发生卵巢囊肿的母牛的后代最好不再用做繁殖。

②激素预防。在牛产后 12～14 天肌内注射促性腺激素释放激素（GnRH），防止卵巢囊肿效果较好。

16. 持久黄体

怀孕黄体或周期性黄体超过正常时限仍继续保持功能，称持久黄体。由于持久黄体持续分泌孕激素，抑制卵泡的发育，致使母牛久不发情，引起母牛不孕。

◆发病原因　本病多见于高产母牛。高产母牛因营养物质消耗过大而引起卵巢机能减退、胎衣不下及子宫内膜炎等，可影响黄体的吸收，或使胚胎早期死亡进而发生持久黄体。此外，母牛日粮配合不平衡，特别是矿物质、维生素 A、维生素 E 不足或缺乏的条件下易发生此病。

◆临床诊断　母牛性周期停滞，长期不发情，外阴皱缩，阴道壁黏膜苍白，多无阴道分泌物流出。直肠检查可触到一侧或两侧卵巢表面有一个或数个黄体，黄体一部分明显突出于卵巢表面，比卵巢实质稍硬。间隔 5～7 天进行两次直肠检查，卵巢上黄体位置、大小、形状及硬度均无变化，一般发生于一侧卵巢，而另一侧卵巢常呈静止状态。子宫内不见妊娠，即可确诊为持久黄体。但为了与怀孕黄体加以区别，必须仔细检查子宫。

◆治疗　溶解持久黄体，可使用前列腺素（PG）及其合成类似物。氯前列烯醇0.4～0.6毫克，肌内注射，必要时隔7～10天再行注射。氯前列烯醇阴唇黏膜下注射或直接注入子宫效果更佳，用量为肌内注射的一半。伴发子宫疾病的应该同步治疗。用胎盘组织液20毫升，一次皮下注射，4次为一个疗程，每次间隔5天。

◆预防

①为了促使黄体自行消退，必须根据具体实际情况改进饲养管理，供应平衡日粮，对于高产奶牛尽快缓解产后能量负平衡，必要时可添加过瘤胃脂肪。

②舍饲牛加强运动，高产奶牛要供应充足的矿物元素和维生素A、维生素E。

③高产奶牛分娩后，要提供优质干草，促进食欲，提高干物质的采食量。

④加强对产后母牛的健康检查，发现子宫疾病（如子宫内膜炎、子宫内积液或积脓、产后子宫复旧不全、子宫内有死胎或肿瘤等），应及时采取适当的治疗措施。

17. 慢性子宫内膜炎

慢性子宫内膜炎是子宫黏膜慢性发炎，是母牛不育的重要原因之一。

◆发病原因　慢性子宫内膜炎主要是由分娩、助产、人工授精时消毒不严格或操作不慎，使子宫黏膜受到损伤或者感染引起的。此外，异常分娩，如流产、胎衣不下、早产、双胎、难产以及子宫的其他疾病，如子宫炎、子宫积脓、产道损伤、布氏杆菌病等疾病往往并发子宫内膜炎。

◆临床诊断　慢性子宫内膜炎根据炎症性质不同，按症状可分为以下四种类型：

①隐性子宫内膜炎。不表现临床症状，子宫无肉眼可见的变化，直肠检查及阴道检查也查不出任何异常变化，发情期正常，但屡配不孕。发情时子宫排出的分泌物较多，有时分泌物不清亮透明，略微混浊。

②慢性卡他性子宫内膜炎。从子宫及阴道中常排出一些黏稠浑浊的黏液，子宫黏膜松软肥厚，有时甚至发生溃疡和结缔组织增生，而且个别的子宫腺可形成小的囊肿。此类病牛一般不表现全身症状，有时体温稍微升高，食欲和产奶量略微降低。发情周期正常，有时也可受到扰乱；有时发情周期虽然正常，但屡配不孕，或者发生早期胚胎死亡。

③慢性卡他性脓性子宫内膜炎。病牛往往有精神不振、食欲减少、逐渐消瘦、体温略高等轻微的全身症状。发情周期不正常，阴门中经常排出灰白色或黄褐色的稀薄脓液或黏稠脓性分泌物。

④慢性脓性子宫内膜炎。阴门中经常排出脓性分泌物，在卧下时排出较多。排出物污染尾根及后躯，形成干痂。病牛可能消瘦和贫血。

◆治疗　治疗原则是抗菌消炎，促进炎性产物的排出和子宫机能的恢复。

①子宫内给药。由于引起慢性子宫内膜炎的病原复杂，多为混合感染，可选用广谱抗菌药物，如庆大霉素、卡那霉素、红霉素、恩诺沙星等。当子宫颈口尚未完全关闭时，可直接将药物1～2克投入子宫，或用30～50毫升生理盐水溶解，做成溶液或混悬液，然后用一次性细管输精枪外套或一次性子宫冲洗管（外管长50厘米，内管长70厘米）或颗粒输精枪（应消毒），用直肠把握法通过子宫颈送入子宫，向子宫注入药液，每隔1日

1 次，一般 3 ~ 5 次。也可选用溶解度低、吸收缓慢的抗菌药物，如宫复康或宫得康等。慢性子宫内膜炎不提倡冲洗子宫。

②激素疗法。子宫内膜炎多数伴发持久黄体时，可肌内注射氯前列烯醇 0.4 ~ 0.6 毫克，以促进炎症产物的排出和子宫功能的恢复。如果子宫颈口未开张，可先注射雌激素 20 ~ 40 毫克，每隔 4 ~ 6 小时后注射催产素 2 ~ 3 次，每次 40 ~ 100 单位，可促进子宫颈开张，促使炎症产物排出。等炎性分泌物大部分排出后，再向子宫内注射清宫药物或抗菌素，可以收到更好的效果。

◆预防　在进行人工授精和助产时要严格消毒，对异常分娩和子宫疾病要立即实施有效的治疗，以减少慢性子宫内膜炎的发生。

五、中毒病

1. 有机磷农药中毒

有机磷农药中毒是家畜接触、吸入或采食某种有机磷制剂所导致的病理过程，以机体的胆碱酯酶活性受抑制，导致神经机能紊乱为特征。

◆发病原因　有机磷农药种类繁多，常用的有：对硫磷、内吸磷，为剧毒类；敌敌畏、乐果，为强毒类；敌百虫、马拉硫磷，为弱毒类。引起中毒的常见原因有：违反保管和使用农药的安全操作规程，使牛接触或食入而发病；农药污染饲料或饮水，使牛致病；驱除外寄生虫时，应用有机磷过量而发生中毒；人为的投毒活动。

◆临床诊断　病牛有接触有机磷农药史。突然发病，狂躁不安，食欲、反刍停止；流涎，流鼻涕，口吐白沫，呻吟；皮肤及肢端末梢发凉，出冷汗；排出带血稀便，腹泻呈淡红色、褐色水样；结膜发绀，瞳孔缩小，眼球震颤；面部、眼睑及全身肌肉震颤，步态强拘，共济失调；心跳加快，脉率增速，呼吸困难，最后因呼吸肌麻痹而导致窒息死亡。

◆治疗

①阿托品，剂量为 10～50 毫克，将此剂量的 1/3 制成 2% 溶液，缓慢静脉注射，其余量进行肌内注射。如果症状不见减轻，可每间隔 4～5 小时重复注射，持续 24～48 小时，对重病效果较好。

②双解磷，剂量为每千克体重 10～20 毫克，皮下或腹腔注

射。

③解磷定（碘磷定），剂量为每千克体重 50 ~ 100 毫克，一次静脉注射。

④双复磷，首次剂量为 3 ~ 6 克，静脉或肌内注射，以后每 2 小时注射一次，剂量减半。

在治疗中，如将上述特效解毒药中之一种与阿托品联合使用，能大大提高治疗效果。

◆预防　加强农药保管。农药应有专库存放、专人专管。拌过农药的种子妥善保管；盛农药器具妥善处理，防止污染饲料、饮水。普及和深化有关使用农药和预防中毒的知识，以推动群众性的预防工作。使用农药来驱除家畜体内外寄生虫时，可由兽医人员负责，以防发生意外的中毒事故。

2. 硝酸盐与亚硝酸盐中毒

硝酸盐与亚硝酸盐中毒是牛摄入过量含有硝酸盐的饲草与饲料所引起的中毒性疾病。其临床特征是皮肤、黏膜发绀，呼吸困难及其他缺氧综合征。

◆发病原因　过量饲喂富含硝酸盐的饲草、饲料，如苜蓿、甜菜叶、甘薯藤、芜菁叶、白菜、菠菜、燕麦草、草莓叶以及燕麦、高粱、玉米和黑麦芽。特别是在饲喂前贮存、调制不当，或采食后在瘤胃微生物的作用下，形成亚硝酸盐引起中毒。

◆临床诊断　通常在采食后 1 ~ 5 小时发病。病牛流涎，腹痛，腹泻，甚至呕吐。呼吸困难，气喘，呼吸加快，肌肉震颤，步态蹒跚，皮肤和可视黏膜发绀（青紫色）。心跳急速，血液呈咖啡色或酱油色，凝固不全。耳、鼻、四肢及至全身发凉，体温低下，站立不稳，行走摇晃。严重者很快昏迷倒地，痉挛窒息而死。

◆治疗　尽早确诊，及时采取针对性治疗，是治愈的关键。立即应用特效解毒剂美蓝或甲苯胺蓝。美蓝，剂量为每千克体重9毫克，用生理盐水或5%葡萄糖溶液制成4%溶液，一次静脉注射。甲苯胺蓝，剂量为每千克体重5毫克，配成5%溶液，静脉注射。同时应用5%维生素C液60～100毫升，静脉注射，50%葡萄糖液300～500毫升，静脉注射。

◆预防　防止突然过食富含硝酸盐的青绿饲料；切实改善青绿饲料的堆放，摊开敞放是预防亚硝酸盐中毒的有效措施。对怀疑含有硝酸盐和亚硝酸盐的饲草要严格控制喂量，并要保证供应充足的碳水化合物饲料、维生素A、维生素C及微量元素碘。

3. 氢氰酸中毒

氢氰酸中毒是牛采食富含氰苷的青饲料，在胃内酶和盐酸的作用下产生游离的氢氰酸而致病。临床上以呼吸困难、震颤、惊厥为特征。

◆发病原因　该病常因牛采食过量的高粱苗、玉米苗、木薯、刀豆、狗爪豆、三叶草等而突然发病。饲喂机榨亚麻子饼，因含氰苷量多，也易发生中毒。

◆临床诊断　有采食富含氰苷类植物史。通常在采食含氰苷的饲料后15～20分钟出现症状。病牛表现腹痛不安，流涎，可视黏膜鲜红，呼吸加快，抬头伸颈，张口喘息，首先兴奋，很快转为抑制，呼出气有苦杏仁味。肌肉痉挛，站立不稳，体温下降。以后则全身衰弱无力，卧地不起。瞳孔散大，眼球震颤，反射减少或消失，脉搏细数无力，全身抽搐，呼吸浅表，很快因窒息而死。

◆治疗　立即应用特效解毒剂亚硝酸钠、美蓝或硫代硫酸钠解救。亚硝酸钠2克，配成5%的溶液，静脉注射。随后再用5%~10%硫代硫酸钠液100~200毫升，静脉注射。如无亚硝酸钠，可用美蓝液代替。为阻止胃肠内氢氰酸的吸收，可内服或向瘤胃内注入硫代硫酸钠30克。也可用0.1%高锰酸钾液或3%过氧化氢液洗胃。

◆预防　禁止在种植含氰苷类植物（如高粱幼苗和玉米幼苗）的地区放牧。如用亚麻籽饼作为饲料，必须彻底煮沸，且喂量不宜过多，同时搭配其他饲料。含氰苷的饲料最好漂洗后再加工利用。

4. 棉籽饼粕中毒

棉籽饼粕中毒是指家畜长期或大量摄入榨油后的棉籽饼粕，引起的以出血性胃肠炎、全身水肿、血红蛋白尿和实质器官变性为特征的中毒病。主要见于犊牛。

◆发病原因　棉籽饼粕是一种富含蛋白质的良好饲料，但其中含有毒物质棉酚，如果未经脱酚或调制不当，大量或长期饲喂，可引起中毒。

◆临床诊断　有长期大量饲喂棉籽饼粕史。病牛精神沉郁，食欲减退或废绝。反刍减少或停止，发生腹泻，表现为出血性胃肠炎，粪中混有黏液和血液。体温不高，脉搏增数，呼吸加快。排尿频数，排血尿或血红蛋白尿。下颌间隙、颈部、胸腹下及四肢常出现水肿。病情若进一步发展，病牛出现视觉障碍，甚至失明，站立不稳，行走摇晃或倒地痉挛。心跳加快，脉搏细弱，不感于手。呼吸困难，胸部听诊有广泛性湿啰音。最终心力衰竭而死。

母牛不孕，孕牛流产，产弱胎、死胎。牛多伴有视力障碍和夜盲症，眼球上起一层灰白色的雾翳。犊牛中毒后，食欲下降，胃肠炎，腹泻，呈佝偻病症状，生长发育不良，也有黄疸、夜盲或者瞎眼（类似于维生素 A 缺乏症）。

◆治疗　目前没有可靠的治疗方法。有发病表现时，立即停喂棉籽饼粕，禁饲 2 ~ 3 天，然后喂给青绿多汁饲料，并充分饮水。内服 0.1% ~0.5% 高锰酸钾或 3% 碳酸氢钠溶液，早期投服盐类泻剂；清理胃肠后，可用磺胺脒 30 ~ 40 克，鞣酸蛋白 25 克，活性炭 100 克，加水 500 ~ 1 000 毫升，1 次内服，以利消炎。为保肝解毒、强心补液、利尿和制止渗出，可用 50% 葡萄糖液 300 ~500 毫升，20% 安钠咖液 10 ~20 毫升，10% 氯化钙液 100 ~200 毫升，1 次静脉注射，每日 1 ~2 次。

◆预防　预防棉籽饼粕中毒首先要限量限期饲喂棉籽饼粕，防止一次过食或长期饲喂。饲料应多样化，要有丰富的蛋白质、维生素和矿物质饲料，特别是维生素 A、钙的供应。用棉籽饼粕作为饲料时，要加温到 80 ~85℃ 并保持 3 ~4 小时以上，弃去上面的漂浮物，冷却后再饲喂。也可将棉籽饼粕用 1% 氢氧化钙液或 2% 熟石灰水或 0.1% 硫酸亚铁液浸泡一昼夜，然后用清水洗后再喂。日粮中补充硫酸亚铁，以减少毒性。

对成年牛，要严格掌握饲喂量，不宜太多。为防止其产生蓄积中毒，可采取饲喂一段时间和停喂相结合的方法。通常喂量按日粮精料计，以 5% ~15% 为宜。犊牛和妊娠母牛最好不要饲喂。霉败变质的棉籽饼粕不能用作饲料。

5. 马铃薯中毒

马铃薯（土豆）中毒是牛采食富含龙葵素的马铃薯引起的

中毒病。

◆发病原因　马铃薯的外皮、幼芽及嫩茎叶中含有龙葵素，特别是马铃薯变质或腐烂时，龙葵素含量显著增加，牛大量采食即可引起中毒；此外，马铃薯的茎叶中含有硝酸盐或腐败毒，也是引起马铃薯中毒的综合因素。

◆临床诊断　有吃马铃薯史。本病的共同症状是神经系统和消化系统机能紊乱。轻度中毒时，病牛呈明显的胃肠炎症状（胃肠型），流涎、呕吐、腹胀、腹痛、腹泻、便血。病牛精神沉郁，肌肉松弛，体温有时升高，孕牛往往发生流产。重度中毒时，病牛呈现明显的神经症状，兴奋不安，向前冲撞；继而沉郁，后躯无力，运动失调；体躯摇晃，步态不稳，四肢麻痹；可视黏膜发绀，呼吸无力，心力衰竭，很快死亡。

◆治疗　立即停喂马铃薯，更换优质饲料。排出胃肠内容物，可用0.05～0.1%高锰酸钾液或0.5%鞣酸液洗胃，然后灌服盐类或油类泻剂。为保肝解毒、强心利尿，可应用高渗糖、强心剂、利尿剂。兴奋不安时，应用镇静剂，如2.5%盐酸氯丙嗪10～20毫升，肌内注射；硫酸镁注射液50～100毫升，静脉或肌内注射。

◆预防　不用发芽、腐烂的马铃薯喂牛，如果饲喂，必须把胎芽、腐烂部分削去洗净，煮熟后与其他饲料搭配饲喂。煮马铃薯的水也应弃掉。即使成熟完好的马铃薯，喂量也不可过多。

6. 尿素中毒

尿素是农业上广泛使用的化肥，是一种非蛋白含氮物，可加入牛的日粮中代替饲料中的蛋白质，如果超量或混不均匀能引起中毒。

◆发病原因　尿素饲喂过多，或喂法不当，被大量误食、偷食，即可中毒。

◆临床诊断　牛过量采食尿素后20～60分钟即可发病。病初表现不安，呻吟，反刍停止，瘤胃臌气，肌肉震颤，步态不稳。继而反复痉挛，强直性痉挛，呼吸困难，脉搏增速（100次/分以上）、从鼻腔和口腔流出泡沫样液体。呼吸极度困难，后期全身痉挛出汗，眼球震颤，瞳孔散大，肛门松弛，几小时内死亡。如果病程延长至1天左右者，则发生后躯不全麻痹。

◆治疗　发现牛中毒后，立即灌服食醋500～2 000毫升，加水1升，1次内服。成年牛灌服1%醋酸溶液1 000毫升，糖0.5～1千克，水1 000毫升。静脉注射10%葡萄糖酸钙液200～500毫升，或静脉注射10%硫代硫酸钠溶液100～200毫升，同时应用强心剂、利尿剂、高渗葡萄糖等疗法。对症治疗瘤胃臌气者可用消气灵、鱼石脂等，必要时穿刺放气。

◆预防

①严格化肥保管使用制度，不能把尿素和饲料混杂堆放，以防牛误食尿素。

②对饲喂尿素的牛群，严格掌握用量，体重500千克的成年牛，用量不超过150克/天。尿素以拌在饲料中喂给为宜，不得化水饮服或单喂，喂后2小时内不能饮水。犊牛不宜饲喂尿素。

③在饲喂尿素时可以考虑将尿素与氯酸铵配合使用，从而减少尿素的中毒。

7. 食盐中毒（钠盐中毒）

食盐中毒是动物在饮水不足的情况下，因摄入过量的食盐或含盐饲料引起的以消化紊乱和神经症状为特征的中毒性疾病。

◆发病原因　不正确地利用腌制食品（如腌肉、咸鱼、泡菜和乳酪）加工后的废水、残渣以及酱渣、食堂残羹等。长期缺盐的家畜，突然加喂食盐而未加限制时，容易发生中毒。饲料中所添加的食盐未碾碎或混合不均，动物一次性采食大量食盐后发生中毒。饮水不足对食盐中毒有重要意义。

◆临床诊断　有采食过量食盐（钠盐）或饮水不足的病史。急性中毒表现消化紊乱和神经症状。病牛主要表现口渴、腹痛、腹泻、脱水。食欲废绝，流涎，腹痛，粪便中混有黏液和血液。黏膜发绀，呼吸迫促，心跳加快，肌肉痉挛，牙关紧闭。严重时出现双目失明、后肢麻痹、球节挛缩等症状，卧地不起，体温正常或偏低。孕牛可能流产，子宫脱出，多于24小时死亡。慢性中毒时主要表现为食欲减退，体重减轻，体温下降，衰弱，有时腹泻，强迫病牛运动时，可引起虚脱及强直性惊厥，多因衰竭死亡。

◆治疗　应在消除病因的基础上，促进钠盐排出，恢复阳离子平衡，降低脑内压，对症治疗。在发现早期，立即供给足量的饮水，以降低胃肠中的食盐浓度。若已出现症状时则应少量多次饮水。恢复阳离子平衡，用5%葡萄糖酸钙注射液200～400毫升或10%氯化钙注射液100～200毫升，静脉注射。利尿排钠，可用双氢克尿噻，每千克体重0.5毫克，内服。解痉镇静，可用25%硫酸镁注射液50～100毫升。缓解脑水肿、降低脑内压，常用25%的甘露醇，或25%～50%葡萄糖注射液，静脉注射。

◆预防　日粮中应添加占总量0.5%的食盐，或按每千克体重0.3～0.5克的用量补饲食盐，以防因盐饥饿引起对食盐的敏感性升高。在饲喂含盐分较高的饲料时，应在严格控制用量的同时供以充足的饮水。

8. 黄曲霉毒素中毒

牛因长期或大量采食被黄曲霉、寄生曲霉污染的饲料所致的中毒性疾病称黄曲霉毒素中毒。其临床特征是消化机能紊乱、腹水、神经症状和流产。

◆发病原因　牛采食了感染黄曲霉和寄生曲霉的花生、玉米、豆类、麦类及其副产品所致。

◆临床诊断　成年牛一般呈慢性经过，病牛精神沉郁，采食量减少，前胃弛缓，瘤胃鼓气，间歇性腹泻，有时有腹水；颌下、前胸及四肢有水肿。产奶量下降，黄疸；妊娠牛流产，排足月的死胎，或早产。犊牛对黄曲霉毒素比较敏感，表现为食欲不振，生长发育缓慢，惊恐、转圈或无目的徘徊，消瘦，死亡率较高。

◆治疗　对本病尚无特效疗法，发现牛只中毒，应立即停喂霉败饲料，改为青绿饲料和高蛋白饲料，减少或不喂含脂肪过多的饲料。对重度病例，及时投服泻剂如硫酸镁、硫酸钠或人工盐，排出胃肠道毒物。同时可用25%～50%葡萄糖注射液500～1 000毫升，5%葡萄糖酸钙300～500毫升，维生素C 0.5～1.0克，静脉注射。心脏衰弱时，可肌内注射强心剂。为防止继发感染可用抗生素，但严禁使用磺胺类药物。

◆预防　不喂发生霉变的饲料。防止饲草、饲料发霉。在饲料收获、运输、加工和储存过程中应注意各个环节的保管和防潮，并经常检查，如有发霉迹象，尽量提早翻晒处理，霉变程度严重的饲料应予以销毁。饲料按计划采购，并做到现购现喂，防止长期堆放。有条件最好设置草棚或防雨防潮设施。

六、寄生虫病

1. 牛梨形虫病

牛梨形虫病也叫巴贝斯虫病，旧称焦虫病，是由数种巴贝斯虫引起的一种血液原虫病。其临床特征是高热、贫血、黄疸和血红蛋白尿。

◆病原　有双芽巴贝斯虫、牛巴贝斯虫和卵形巴贝斯虫，这3种巴贝斯虫的发育都需要2个宿主。在中间宿主牛体内以二分裂或出芽增殖，在终末宿主（传播者）蜱的体内进行有性繁殖。蜱在吸血时，将病原寄生虫传播给健康动物，使其感染发病。

◆流行特点　流行季节为蜱活动的季节，一般在6—9月发生。2岁以内的犊牛发病率高，但症状较轻，死亡率低；成年牛发病率低，但症状较重，死亡率高。

◆临床诊断　潜伏期为9～15天。突然发病，体温升高40℃以上，呈稽留热。病牛食欲减退，反刍弛缓，体表淋巴结高度肿大。随着病程发展，出现贫血、消瘦、磨齿、流涎等症状，眼结膜苍白，可视黏膜黄染，尿呈红色乃至酱油色。

◆治疗　尽可能早确诊、早治疗，常用的特效药有以下几种：

①贝尼尔，又名血虫净，剂量为每千克体重5～7毫克，配成5%～7%溶液，臀部深层肌内注射。每日或隔日注射1次，连用2～3次。水牛对本药较敏感，一般用药1次较安全，连续使用易出现毒性反应，甚至死亡。

②锥黄素，又名黄色素，剂量为每千克体重3～4毫克，配

成0.5%～1%溶液静脉注射，注射时勿漏药。症状未减轻时，24小时后再注射1次。病牛在治疗后的数日内，对光敏感，应避免烈日照射。

③硫酸喹啉脲，又名阿卡普林，剂量为每千克体重0.6～1.0毫克，配成1%～5%溶液皮下或肌内注射。有时注射后数分钟出现起卧不安、肌肉震颤、呼吸困难等副作用（妊娠牛可能流产），一般于1～4小时后自行消失。严重者可皮下注射阿托品，剂量为每千克体重10毫克。

在应用特效药物杀灭虫体的同时，还应针对病情给予健胃、强心、补液等对症治疗，可明显降低死亡率。

◆预防　预防的关键在于消灭牛体表及周围环境中的蜱。春季蜱幼虫侵害时，可用0.5%马拉硫磷乳剂或1%三氯杀虫酯乳剂喷洒体表；夏秋季应用1%～2%敌百虫溶液喷洒。在蜱大量活动期，每7天处理1次。根据各地草场的特点，因地制宜地进行轮牧，使牛在发病季节躲开疫源地放牧，避免接触传播媒介。在疾病流行季节之前，也可进行药物预防，可用贝尼尔，用量每千克体重2毫克，配成7%的溶液深部肌内注射，每隔15天1次。

2. 牛泰勒虫病

牛泰勒虫病旧称泰勒焦虫病，是由环形泰勒虫和瑟氏泰勒虫引起的一种原虫病。临床特征为高热、贫血、出血、消瘦和体表淋巴结肿胀。

◆病原　病原是环形泰勒虫和瑟氏泰勒虫，这2种泰勒虫多寄生于牛的红细胞和网状内皮系统细胞内，进行无性繁殖，牛为中间宿主。虫体在蜱体内进行有性繁殖，蜱为终末宿主。

◆流行特点　泰勒虫病的流行有地区性和季节性，与蜱的出现有密切关系。每年 6 月开始发病，7 月达到高峰，8 月逐渐平息。1～3 岁牛发病多，外地引入的牛，不论年龄、体质，都易发病，且发病严重。患过本病的牛可获得很强的免疫力。

◆临床诊断　潜伏期 14～20 天。病初体表淋巴结肿大，体温升高到 40.5～42℃，呈稽留热型。病牛呼吸、脉搏加快，结膜潮红。中期体表淋巴结显著肿大，可视黏膜出现深红色结节状的出血斑点；颌下、胸腹下部及四肢发生水肿，迅速消瘦。后期结膜苍白、黄染，食欲减退，反刍停止，体温下降，衰弱而死。

◆治疗　对牛泰勒虫病要做到早发现、早治疗。常用药物有：贝尼尔，每千克体重 3.5～7 毫克，配成 7% 溶液深部肌内注射，每天 1 次，连用 3 次；阿卡普林（硫酸喹啉脲），每千克体重 1 毫克，用注射用水配成 1%～2% 溶液，皮下注射；黄色素（锥黄素），每千克体重 3～4 毫克，剂量为 2 克，用注射用水配成 0.5%～1% 溶液，静脉注射，必要时隔 1～2 天再注射 1 次。黄色素和阿卡普林合用，第一、二天用黄色素，第三天用阿卡普林，每天用药 1 次。在杀虫的同时配合输血及对症治疗，可降低死亡率。

◆预防　预防的关键在于防蜱灭蜱，根据蜱的生活习性进行杀灭，常用的药物有 1%～2% 敌百虫溶液，消灭牛体上、牛舍内及环境中的蜱。在发病季节可应用贝尼尔，每千克体重 3 毫克，配成 7% 的溶液深部肌内注射，每隔 20 天 1 次，对瑟氏泰勒虫病有较好的预防效果。在环形泰勒虫流行地区，可用“牛环形泰勒虫病裂殖体胶冻细胞苗”进行预防接种，接种后 20 天可产生免疫力，免疫持续期为 1 年以上。

3. 牛螨病

螨病俗称癞，还叫疥癣病或疥疮，也有的称为“骚”，是由螨引起的一种接触传染慢性皮肤病。以剧痒、湿疹性皮炎、脱毛和具有高度传染性为特征。

◆病原 寄生于牛的螨，有疥螨、痒螨和皮螨。

◆流行特点 病牛为主要传染源，通过身体接触而传播。犊牛皮嫩，最易感染。本病多发于秋末、冬季和春季，此时阳光不足，皮肤湿度高，适合螨虫的发育、繁殖。疥螨开始于头、颈部，逐渐蔓延到肩背、尾根，严重时波及全身。

◆临床诊断 牛的疥螨和痒螨大多呈混合感染，特征表现是皮肤奇痒。病牛局部皮肤出现小结节、水疱或痂皮、脱毛，摩擦使皮肤受伤，或用舌舔，被舔湿的毛呈波浪状。患部还可出现粟粒至黄豆大的结节，以后变成水疱及脓疱，破溃后流黄色渗出液并形成痂皮。皮螨主要侵害肛门、尾根部，有时四肢也发生。

◆治疗 先剪去患部和附近的被毛，用肥皂清洗，待干后进行药物喷洒治疗。用溴氢菊酯（倍特），每千克体重 50 毫克，喷洒 2 次，间隔 10 天；或螨净（二嗪农）水乳液，每千克体重 750 毫克，喷淋 2 次，间隔 7 ~ 10 天，并尽量防止牛舔。伊维菌素或阿维菌素类药物，有效成分剂量为每千克体重 0.2 ~ 0.3 毫克，口服或注射，严重的间隔 7 ~ 10 天重复用药 1 次。

◆预防 严禁健康牛与病牛接触，对新引入的牛要隔离检查，发现病牛及时治疗。平时要注意清洁卫生，保持牛舍干燥，使用杀虫药液喷洒圈舍和用具。

4. 肝片吸虫病

肝片吸虫病也叫肝蛭病，由肝片吸虫引起，以急性或慢性肝炎、胆管炎为特征。

◆流行特点　本病的发生由于受中间宿主椎实螺的限制而有地区性，常流行于潮湿多水的地区，夏季为主要感染季节。本病除牛以外，羊、骆驼、猪、鹿、兔、马、犬、猫等都能感染，人也能感染。

◆临床诊断　症状的轻重与虫体数量和牛的年龄、体质有关。一般不表现临床症状，严重时能引起发病。急性患病多为犊牛，精神沉郁，体温升高，食欲减退，走路蹒跚，常落于牛群之后，并有腹泻、贫血等症状，肝部压痛。犊牛严重感染时影响发育，甚至引起死亡。慢性病例表现为贫血，颌下、胸前、腹下水肿，消瘦，消化机能障碍，前胃弛缓，伴发卡他性肠炎。母牛产奶量下降，有时流产。

◆治疗　可选三氯苯唑（商品名：肝蛭净），每千克体重 6 ~ 12 毫克；对于急性肝片性吸虫病的治疗，5 周后应重复用药 1 次。本药品不得在牛的泌乳期使用，禁用于 1 周内要产犊的奶牛。丙硫咪唑，1 次口服剂量，每千克体重 10 ~ 20 毫克；本药有致畸作用，孕牛慎用；牛在屠宰前休药期不少于 14 天，用药后 3 小时内所产的牛奶不得供人饮用。

◆预防　预防措施主要是定期驱虫、防控中间宿主和加强饲养卫生管理。驱虫后的粪便应堆积发酵以杀灭虫卵。在放牧地区，尽可能在高燥地区放牧，饮水最好选用自来水、井水或流动的河水。

①消灭椎实螺是最彻底的预防办法。在夏季实行轮牧，在某

一块牧场放牧时间不要超过一个半个月。填平低洼地，消灭椎实螺滋生地。水面可放养鸭子，以捕食椎实螺，也可用药物灭螺。

②在本病的流行地区，定期驱除牛体内的虫体，具有消灭病源和治疗病牛的双重作用。每年定期驱虫 2 次，于春季和秋季进行。

5. 犊牛蛔虫病

犊牛蛔虫病是牛弓首蛔虫寄生在犊牛小肠内引起的以下痢为主要特征的疾病。该病多见于南方各省，初生犊牛大量感染可引起死亡。

◆流行特点　本病主要发生于 5 个月以内的犊牛，2 ~ 4 周龄的犊牛易感性最高，随着年龄的增长，易感性逐渐降低。成年牛的症状不明显。除黄牛外，水牛也可患病。

◆临床诊断　病犊贫血、消瘦、腹胀，3 ~ 4 周龄哺乳犊牛腹泻尤其严重。便秘、下痢交替发生，并引起腹痛。有时出现神经症状，如神态不安、肌肉痉挛。在幼虫的移行阶段，可见呼吸加快、咳嗽等症状。

◆治疗　可选用枸橼酸哌嗪（驱蛔灵），每千克体重 250 毫克，或丙硫咪唑，每千克体重 10 毫克，1 次口服。阿维菌素或伊维菌素，有效成分剂量为每千克体重 0.2 毫克，皮下注射（针剂）或口服（片剂）。用药后 28 天内所产牛奶，不得食用；牛屠宰前 21 天停用药物。

◆预防　每年早春和晚秋各进行 2 次预防性驱虫。搞好牛舍内外的卫生工作，清除粪便，堆肥发酵，避免粪便污染草料和饮水。

6. 牛皮蝇蛆病

本病由皮蝇幼虫寄生于牛的背部皮下引起，俗称“牛跳虫”或“牛翁眼”，不仅影响牛皮的质量，而且影响其肉、乳的质量，有时还可能感染人。

◆病原　有牛皮蝇蛆和纹皮蝇蛆两种。

◆临床诊断　雌蝇产卵时，引起牛的强烈不安，表现蹴踢、狂跑等，不但严重影响牛的采食、休息、抓膘，甚至引起摔伤、流产等。病牛表现消瘦，生长缓慢，肉质降低，泌乳量下降。牛的背部皮肤被幼虫寄生以后，留有瘢痕和小孔，影响皮革价值。幼虫出现于牛的背部皮下时可以触诊到隆起，上有小孔，内含幼虫，用力挤压可以挤出虫体。

◆治疗　在牛数不多和虫体寄生数量少的情况下，可用机械法，即用手压迫皮孔周围，将幼虫挤出，并将其杀死。由于幼虫的成熟时间不同，故每隔 10 天要重复操作，但需注意勿将虫体挤破，以免引起过敏反应。

使用伊维菌素或阿维菌素，剂量为每千克体重 0.2 毫克，皮下注射；或采用微量注射法（1% 伊维菌素或阿维菌素溶液），剂量为 50 千克体重 1 毫升，1 次注射。注意 12 月至次年 3 月不宜用药，一般治疗该病多在 11 月进行。

◆预防　预防的关键是消灭成虫，防止在牛体上产卵。消灭寄生于牛体的幼虫，在防治本病上有极重要的作用，它可减少幼虫的危害，并防止幼虫化蛹羽化为成虫。在牛皮蝇蛆病流行地区，每逢皮蝇活动季节（5—8 月），尤其夏季对牛舍、运动场定期用灭蝇剂喷雾。可用每千克体重 1 000～1 500 毫克的拟除虫菊酯类药物（如溴氢菊酯）喷洒，每 30 天喷洒 1 次，可杀死产卵的雌蝇或由卵孵出的幼虫。加强灭蝇工作，保持牛体的卫生，要经常刷拭牛体。

7. 球虫病

球虫病是由多种球虫引起的一种肠道原虫病。临床上以出血性肠炎为特征，临床上出现便血症状，故又称“红痢”。

◆病原　寄生于牛的球虫有14种，其中以邱氏艾美尔球虫和牛艾美尔球虫致病力最强、最为常见。

◆流行特点　牛球虫病主要侵害犊牛，且发病严重，成年牛呈隐性感染，成为带虫者。一般发生于春、夏、秋季，尤其在多雨月份，在低洼潮湿的牧场放牧，易发生。

◆临床诊断　潜伏期为2～3周，犊牛一般呈急性经过，病程为10～15天，病初精神沉郁，喜卧，食欲减退或废绝，被毛粗乱，粪便稀薄，混有黏液、血液。约7天后，体温可以升至40～41℃，症状加剧，末期所排粪便几乎全是血液，色黑，恶臭，最后多由于极度衰弱而死亡，病程10～15天。耐过的牛转为带虫者。

◆治疗　磺胺类药物，如磺胺二甲基嘧啶，每千克体重140毫克，口服，每日1次，连服3天。氨丙啉，每千克体重20～50毫克，口服，每日1次，连用5～6天。莫能菌素是一种有良效的抗球虫药，同时也是生长促进剂，推荐量是每吨饲料中加入16～33克，屠宰前3天停药。

在给予球虫药的同时，应注意对症治疗，注意结合止泻、强心和补液等措施。对有临床症状的牛应进行隔离，减少病牛群的密度。

◆预防

①在流行地区，应采取隔离、治疗、消毒等综合性措施。成年牛与犊牛分开饲养，发现病牛后应立即隔离治疗；哺乳母牛的乳房要经常擦洗；哺乳后母牛、犊牛要及时分开。

②定期用3%～5%热碱水或1%克辽林消毒地面、牛栏、饲槽、饮水槽等，一般每周1次。牛圈要保持干燥；粪便要及时清除，集中进行生物热发酵处理；要保持饲料和饮水的清洁卫生。

③药物预防可用氨丙啉，每天按每千克体重5毫克的用量混入饲料，连用21天；莫能菌素按每天每千克体重1毫克的用量混入饲料，连用33天。